河南省绿色小水电发展实践

Practice of Green Small Hydropower Development in Henan Province

《河南省绿色小水电发展实践》编委会　编

黄河水利出版社
·郑州·

图书在版编目（CIP）数据
河南省绿色小水电发展实践 /《河南省绿色小水电发展实践》编委会编. -- 郑州：黄河水利出版社，2025.7. -- ISBN 978-7-5509-4238-7
Ⅰ. TV
中国国家版本馆CIP数据核字第2025LP1209号

河南省绿色小水电发展实践
HENANSHENG LÜSE XIAOSHUIDIAN FAZHAN SHIJIAN
《河南省绿色小水电发展实践》编委会 编

责任编辑 景泽龙
责任校对 兰文峡
封面设计 黄瑞宁
责任监制 常红昕
出版发行 黄河水利出版社
地址：河南省郑州市顺河路49号 邮政编码：450003
网址：www.yrcp.com E-mail：hhslcbs@126.com
发行部电话：0371-66020550
承印单位 河南博之雅印务有限公司
开　　本 787 mm×1 092 mm 1/16
印　　张 7.75
字　　数 140千字
版　　次 2025年7月第1版
印　　次 2025年7月第1次印刷

定　　价 60.00元

《河南省绿色小水电发展实践》
编 委 会

主任委员　杜　玮

副主任委员　李　凯　王　勇

主　　编　常白雪　李　凯

副 主 编　苗玉霞　王小茹　路会杰

编写人员　苏鲁德　马慧芳　秦子璇　李　健

王中茂　李倩瑜　邓红绪　贺石山

李喜哲　王超烽　谢璐鲜　潘其飞

Content

目录

S

01

CHAPTER

导则

GUIDELINES

GUIDELINES

导 则

一、引言

河南，黄河之滨，水利兴邦。自古以来，治水就是兴国之本。今日河南，秉承“忠诚、干净、担当，科学、求实、创新”的新时代水利精神，致力于构建现代水网体系，打造“河畅、水清、岸绿、景美、人和”的幸福河湖，让绿水青山永驻，为中原大地的可持续发展注入源源动力。

河南省作为农业大省，水资源的合理利用和保护至关重要。近年来，河南省水利厅积极响应国家绿色发展战略，通过生态流量监督管理、绿色小水电示范电站创建、安全生产标准化管理等一系列政策和措施，推动小水电行业的绿色发展。小水电作为重要的民生水利基础设施和清洁可再生能源，在解决无电缺电地区人口用电，促进江河治理、生态改善、环境保护、地方社会经济发展等方面作出了重要贡献。

二、创建背景

（一）绿色水电概念

绿色水电是指在开发过程中充分考虑生态环境保护、社会和谐与经济可持续发展的水电开发模式。其核心在于通过科学规划、合理设计和先进技术应用，降低水电开发对生态环境的负面影响，同时实现水资源的高效利用。

小水电是水利基础设施的重要组成部分，是国际公认的清洁可再生能源，也是我国最具优势的可再生能源之一。按照中华人民共和国水利行业标准《水利水电工程等级划分及洪水标准》（SL 252—2017）规定，小水电是指装机容量50 MW以下的水力发电站和配套的地方电网。具体来说，小水电的等级划分如下：

小（1）型：装机容量在5 MW至50 MW之间；

小（2）型：装机容量在1 MW至5 MW之间；

微型：装机容量小于1 MW。

河南省小型水电又称农村水电，资源绝大部分分布在豫北太行山区、豫西及豫西南伏牛山区、豫南桐柏大别山区。河南省已建成农村水电站542座，装机容量54.93万kW，其中装机容量10 000 kW以上的电站有8座，5 000 ~ 10 000 kW的电站16座，5 000 kW以下的电站518座。目前，河南省尚未配套地方电网。

（二）国内外绿色水电发展情况

1. 我国绿色水电发展情况

我国是世界上小水电资源总量最丰富的国家，装机容量占亚洲大陆装机容量的83%以上和已知待开发潜能的45%，10 MW以下小水电的装机容量占世界总装机容量的53%，小水电开发潜力占世界小水电开发潜力的29%。

1925年建成发电的四川省泸县洞窝水电站是我国第一个自行设计施工的小水电站，经过多年农村水电电气化和小水电代燃料的发展，到2017年底，全国共建成小水电站4.7万多座。但由于部分电站建设年代较早、规划设计不够科学、运行管理不够规范等，小水电在解决农村用电、就业、脱贫的同时，也对生态环境造成了一些不利影响。

在此背景下，2018年开始，水利部等部委联合大力推进小水电清理整改工作。具体来说，可以分为两个阶段：

第一阶段：长江流域四部委联合行动。

2018年12月，水利部、国家发展改革委、生态环境部、国家能源局联合印发了《关于开展长江经济带小水电清理整改工作的意见》（水电〔2018〕312号），决定开展长江经济带小水电生态环境突出问题清理整改工作。这是针对长江经济带小水电违规建设、影响生态环境等突出问题的一项重要举措。

第二阶段：全国范围内七部委联合行动。

在长江经济带小水电清理整改工作取得阶段性成果的基础上，水利部联合国家发展改革委、自然资源部、生态环境部、农业农村部、国家能源局、国家林草局等七部委印发《关于进一步做好小水电分类整改工作的意见》，进一步将清理整改的范围扩大到全国。

通过小水电分类整改，有效解决无序开发、过度开发对河流生态系统的不利影响，推动小水电行业的绿色转型和可持续发展，截至2022年底，全国建成小水电站约

4.24万座，小水电装机容量约达8 400万kW。

我国小水电发展历程可大致分为四个阶段。

第一阶段是1912—1949年。1912年，中国大陆第一座水电站——云南昆明石龙坝水电站建成，标志着中国小水电的开始。这座电站初期装机容量较小，但具有重要的历史意义。在1949年新中国成立之前，由于社会动荡、经济落后以及技术、资金等方面的限制，小水电的发展较为缓慢。小水电站的建设和运营主要集中在一些边远地区，用于解决当地的基本用电需求。这一阶段，小水电的技术和设备主要依赖进口，国内的技术研发和制造能力有限。随着经验的积累，国内开始尝试自主制造和安装小水电设备。尽管规模有限，小水电在改善当地居民生活条件、促进地方经济发展方面发挥了积极作用。特别是在一些山区和农村地区，小水电为当地提供了宝贵的电力资源。总体来说，第一阶段是中国小水电的萌芽期，为后续的发展奠定了基础。

第二阶段是1949—2000年。新中国成立后，国家为切实解决偏远地区农村用电问题，加大对小水电站建设的支持力度，小水电在满足山区群众电力需求、帮助贫困地区群众脱贫致富等方面发挥了重要作用。

第三阶段是2000—2012年。中央鼓励和支持集体资本、非公有资本投入农村水电建设，在国有资本的引导下，持续推进水电新农村电气化建设，启动小水电代燃料工程，实施小水电增效扩容改造、小水电扶贫工程等项目，小水电迎来重大利好和建设热潮。

第四阶段是党的十八大以来。在习近平生态文明思想指引下，坚持统筹生态保护、绿色发展与民生改善，小水电进入绿色转型发展阶段，着力破解对生态环境的负面影响，河湖生态环境持续复苏。

截至2023年底，全国在运小水电站约4.1万座，装机容量8 000多万kW，约占水电装机容量的19%；2012—2022年年平均发电量约2 300亿kW·h，据估算，可替代标准煤约7 400万t，减少二氧化碳排放约2.3亿t。

2. 国外绿色水电发展情况及我国水电开发所处国际地位

2020年，世界仍有7亿多无电人口，占全球人口的9.5%（主要集中在农村地区）。根据《世界小水电发展报告2022》，全球小水电（10 MW及以下）技术可开发资源222 GW，目前装机容量约为79 GW，约64%的小水电潜力仍未开发。在非洲，小水电总装机容量为729 MW，估计总潜力为15 714 MW，只有不到5%得到利用，开发潜力大。

当前，我国已成为世界上最大的可再生能源开发和利用国家。我国通过实施水电农村电气化县建设、小水电代燃料生态保护工程建设、水电站增效扩容改造和绿色小水电建设，建成了小水电站4.1万多座，装机超8 200万kW，年发电量约2 500亿kW·h，在解决农村用电、助力脱贫攻坚、优化能源结构、促进地方经济社会发展方面发挥了重要作用。我国小水电绿色开发的理念、经济实用的技术、价廉物美的设备、体系完整的标准等已领先世界。基于新质生产力的小水电绿色转型与发展，可为世界小水电可持续发展提供中国方案。

（三）我国发展绿色水电的重要性与意义

1. 小水电为助力碳达峰、碳中和发挥重要作用

小水电是优质的可再生能源。从减少碳排放的角度看，据中国环境科学研究院有关研究，小水电（径流式为主）全生命周期替代燃煤火电减排温室气体和PM2.5的因子为937～1 019 g/(kW·h）和0.202 g/(kW·h)，风电为921~1 013 g/(kW·h）和0.134 g/(kW·h)，太阳能发电为820～984 g/(kW·h）和0.131 g/(kW·h)。小水电的减排优势明显，减排PM2.5的效益是风力、太阳能发电的1.5倍以上。2021年，全国小水电发电量达2 241.11亿kW·h，若按照最新供电标准煤耗307 g/(kW·h）计算，2021年发电量相当于节约了6 855万t标准煤，减少二氧化碳排放1.7亿t，减少二氧化硫排放超过90.8万t。从增加碳汇的角度看，自国家实施的小水电代燃料生态保护工程以来，解决了400万农民的生活燃料，每年可减少薪柴消耗670万 m^3，保护森林面积1 400万亩[①]，又从碳汇的角度为“双碳”目标作出了很大贡献。

2. 小水电对实现乡村振兴作出巨大贡献

过去，小水电在偏远山区等国家电网无法延伸或覆盖的区域，是电力的重要补充。1983年，国家启动农村水电初级电气化试点建设，在中央政策支持、资金扶持下，地方以自力更生为主开发小水电，建设配套电网，在全国范围内形成了40多个区域电网，600多个县以小水电供电为主，3亿多农村人口用上了电，山区百姓过上了“点灯不用油，磨面不用牛”的新生活。小水电代燃料工程的实施，解决了项目区群众的生活燃料问题，农民生产生活条件得到大大改善。

现在，小水电通过扶贫惠农、创造就业岗位、产业富民等方式助力乡村振兴成效

①1 亩=1/15 hm^2≈666.67 m^2。

显著。以河南省三门峡市卢氏县为例：卢氏县位于河南省西部山区，水力资源丰富但经济发展滞后。2015年起，卢氏县依托小水电开发实施精准扶贫，采取“水电+扶贫”模式，建设村级小水电站，建成30余座装机容量5~50 kW的小水电站，总装机容量达800 kW。电站收益按“村集体30%+贫困户分红40%+运维资金30%”的比例分配，确保贫困户稳定增收。此外，利用电站周边土地发展光伏农业和生态旅游，形成“水光互补+农旅融合”产业链，使得村集体收入增长3倍以上，用于改善基础设施（道路、灌溉系统），惠及全县12个贫困村，年均增收超200万元，带动800余户脱贫。

3. 小水电对构建新型电力系统起到重要的支撑作用

按照国家能源发展规划，2030年风电、太阳能装机在电网中占比将从目前不到25%提高到至少40%以上，风电、太阳能装机容量快速增长，但其较强的波动性、间歇式、随机性，对电网安全稳定（频率、电压和相位角）支撑能力弱，大规模新能源并网给电力电量平衡、电网调度运行、安全控制带来了诸多挑战和不利影响，新能源消纳和运行难度大。而小水电作为独特的分布式能源，站多面广量大，我国具有10万 m^3 及以上库容且以发电为主的小水电站5 800多座，总库容800多亿 m^3，装机2 500多万kW，通过库容调节、储能工厂、抽蓄改造（混合式抽水蓄能）等水风光储一体化建设，为构建“高比例风电太阳能入网的新型电力系统”、调节电网起到不可或缺的支撑作用。

（四）小水电绿色低碳高质量发展：整治规范、安全生产与可再生能源融合路径

1. 小水电绿色发展

绿色发展是小水电未来发展的必然方向。2012年11月，党的十八大从新的历史起点出发，作出“大力推进生态文明建设”的战略决策。2016年中央一号文件提出“发展绿色小水电”。为贯彻落实党中央、国务院决策部署，2016年12月，水利部印发了《水利部关于推进绿色小水电发展的指导意见》（水电〔2016〕441号），明确发展绿色小水电要全面落实“创新、协调、绿色、开放、共享”的新发展理念和“节约、清洁、安全”的能源发展方针。提出到2020年，建立绿色小水电标准体系和管理制度，初步形成绿色小水电发展的激励政策，创建一批绿色小水电示范电站；到2030年，全行业形成绿色发展格局绿色小水电理念深入人心。2017年5月，水利部颁布了《绿色小水电评价标准》，同年6月，《水利部关于开展绿色小水电站创建工作的通知》（水电〔2017〕220号）印发，绿色小水电示范电站创建工作正式开展，截至2022年

底，全国累计创建绿色小水电示范电站964座。

2. 小水电分类整改

分类整改是小水电当前的主要工作之一，也是绿色转型的必要手段。2018年12月，水利部、国家发展改革委、生态环境部、国家能源局联合印发《关于开展长江经济带小水电清理整改工作的意见》（水电〔2018〕312号），启动长江经济带小水电生态环境突出问题清理整改工作。2020年6月，水利部印发《水利部办公厅关于开展黄河流域省（自治区）小水电站问题摸底工作的通知》（办水电〔2020〕140号），力争2021年完成问题核查并建立整改台账，摸清黄河干支流流经的县以及国家公园、重要水源涵养区、珍稀濒危生物栖息地等重点区域的小水电开发利用情况及过度开发问题。

2021年12月，水利部等7部委联合印发《关于进一步做好小水电分类整改工作的意见》（水电〔2021〕397号），要求从生态整体性和流域系统性出发，统筹生态保护、绿色发展与民生改善。坚持依法依规、实事求是、分类施策、确保安全的原则，有效解决无序开发、过度开发对河流系统的不利影响，复苏河湖生态环境。

2021年12月27日，水利部等7部委联合印发《关于开展黄河流域小水电清理整改工作的通知》（水电〔2021〕410号），全面开展黄河流域小水电清理整改工作。2022年，生态环境部等17部门联合印发《深入打好长江保护修复攻坚战行动方案》，要求巩固小水电清理整改成果，出台小水电清理整改相关政策文件，完成长江经济带小水电清理整改“回头看”，鼓励和引导沿江省（市）再创建一批绿色小水电示范电站。

3. 小水电安全生产标准化建设

小水电安全生产是无论在任何时期都需要牢牢守住的底线。《中华人民共和国安全生产法》规定，水利有关部门在职责范围内对水利行业的安全生产工作实施监督管理。2013年9月，水利部印发《农村水电站安全生产标准化达标评级实施办法（暂行）的通知》（水电〔2013〕379号），明确了农村水电站安全生产标准化等级、评审、整改等要求。2014年2月，国家能源局印发《小型发电企业安全生产标准化达标管理办法》（国能安全〔2014〕103号），加强电力安全监督管理，规范小型发电企业安全生产标准化达标工作。2015年6月，水利部印发《农村水电安全生产监督检查导则》，规范了农村水电安全生产监督检查的内容和组织实施要求。2018年，水利部印发了《关于全面加强农村水电安全监管工作的通知》（水电〔2018〕245号），提出要牢固树立安全发展理念，以严格小水电安全生产责任制为体制保障，压实安全监管责任。2019年1月，水利部修订《小水电安全生产标准化评审标准》。2022年2月，水利部、国家能源局印发《关于全面开展水电站等水利设施风险隐患排查整治工作的通知》，全面排查水电站风险隐患。2022年9月，水利部办公厅关于印发《库容10万立方米以下小水电站大坝安全评估技术指南（试行）》，为地方开展大坝安全评估、自查与抽查提供参考。

4. 小水电可再生能源发展

小水电作为可再生能源在新时代有着新的发展机遇。为实现“双碳”目标，2021年9月22日，《中共中央、国务院关于完整准确全面贯彻新发展理念做好碳达峰碳中和工作的意见》提出加快构建清洁低碳安全高效能源体系。2021年10月24日，国务院印发《2030年前碳达峰行动方案》，要求因地制宜开发水电，推动小水电绿色发展。2021年，《抽水蓄能中长期发展规划（2021—2035年）》要求因地制宜规划建设中小型抽水蓄能电站，探索与分布式发电等结合的小微型抽水蓄能技术研发和示范建设。2022年，《“十四五”现代能源体系规划》要求实施小水电清理整改，推进绿色改造和现代化提升，推动西南地区水电与风电、太阳能发电协同互补。

总体来说，我国小水电正处在政策环境风险与机遇并存的时期，在生态文明建设的要求下，小水电下阶段的发展方向必然是走绿色高质量发展路线。在这个方针的指引下，就要求处理好小水电所面临的生态安全和生产安全两个风险。同时，在“双碳”战略的背景下，小水电作为一种清洁的可再生能源，又有新的发展机遇。因此，探索存量小水电价值提升路径对小水电行业的健康发展有重要意义。

（五）绿色水电发展现状与不足

1. 河南省绿色水电发展现状

（1）资源基础。河南省位于中国中东部，是全国唯一横跨黄河、长江、淮河、海河四大流域的省份，地形呈西高东低趋势。全省水能资源理论蕴藏量5 045 MW，技术可开发量3 207 MW，其中小水电技术可开发量1 002 MW，主要分布在豫北太行山区、豫西及豫西南伏牛山区、豫南桐柏-大别山区。资源特点：一是总量不丰富且分布不均衡，黄河流域蕴藏量和技术可开发量分别占全省的75.6%和78.5%；二是大中型电站数量少，装机容量占比大，为2 205 MW；三是小型水电站数量多且位置分散。

（2）开发成果。1934年，别廷芳在西峡县石门的丹江支流老灌河上筑坝引水，建成了河南省第一座水电站——莲花寺电站，初期装机48 kW，1964年扩建总装机5台，装机容量515 kW，年发电252万kW·h，当地利用电站所发电力建立了电灯公司、农具修造厂、打米厂等，促进了西峡县地方经济发展。

20世纪60年代，河南省大力发展农村水电，建成了鸭河口水库左岸电站、林县分水岭电站等，1969年河南省水电装机容量达到1.6万kW。

20世纪70年代，河南省地方各级政府积极办电，建设了与水库配套的水库电站，如薄山、青天河、宿鸭湖、鲇鱼山、昭平台等。

2015年河南省水能资源调查显示：理论蕴藏量为504.5万kW，技术可开发量320.7万kW，其中适宜农村水电开发的资源量100.2万kW。到2015年年底，河南省有农村水电的县共58个。可开发量较多的省辖市有：洛阳市31.5万kW，南阳市21.8万kW，信阳市14.2万kW，三门峡市9.7万kW，焦作市4.4万kW，安阳市4.7万kW。6个省辖市的可开发量占河南省可开发量的86%。

（3）政策支持。河南省积极响应国家关于清洁能源发展的政策，在规划、项目审批等方面对绿色水电给予支持。例如，将绿色水电等清洁能源发展纳入地方能源发展规划，对符合条件的水电项目在土地使用、税收等方面给予优惠政策，并且积极争取省水利发展资金，用于奖励在小水电绿色发展中表现突出的电站。2024年，河南省人民政府办公厅发布《关于印发河南省加快推进源网荷储一体化实施方案的通知》，要求促进清洁能源就近开发利用，大力发展总装机5万kW及以下的小水电站。通过一系列政策措施，河南省积极支持绿色水电等清洁能源的发展，推动能源结构转型升级，助力实现碳达峰、碳中和目标。

（4）生态效益初显。河南省积极响应国家绿色发展战略，引导小水电站完善生态流量泄放、开展安全生产标准化建设、加强减脱水河段修复治理等，有效改善了下游河道的生态环境，提升了周边人民群众的生活质量，实现了生态效益和社会效益的显著提升。

2. 当前小水电存在问题

（1）规划与建设问题。

早期小水电开发受传统发展理念局限，过于侧重水能发电，对水资源综合利用考虑严重不足。例如，一些山区小水电为追求发电效益，大量拦截河流，导致下游农业灌溉用水短缺，影响周边百姓生活用水，还时常出现与农业生产、百姓生活、生态涵养“抢水”的现象。部分河段存在过度开发、无序建设的乱象。

在建设方面，由于早期缺乏统一标准。部分项目违规建设，未充分考虑河道连通性，无法满足水生生物保护要求。一些梯级开发的小水电站，相互之间没有水文联合调度设施，难以实现水资源的科学调配。个别小水电建设未与周边环境相协调，破坏了当地的自然景观和生态风貌。

（2）设备与技术问题。

由于建设年代久远，小水电的水轮机、发电机、励磁机、调速器等设备技术性能落后，使得水能利用效率大打折扣，发电效率远低于现代先进水平。比如，一些老旧小水电站，水轮机磨损严重，在水能转化为电能的过程中造成大量能量损耗，不仅浪费了水资源，也降低了发电收益。同时，小水电行业整体技术力量薄弱，缺乏专业技术人才与先进技术研发能力，在设备更新、技术升级、安全生产等方面面临诸多困难，难以跟上行业发展步伐。例如，在引进新的高效水能利用技术或智能监测技术时，因技术力量不足，无法顺利实施与应用，制约了小水电的可持续发展。

（3）安全与监管问题。

小水电的河坝防洪防汛标准普遍较低，存在不少险坝危坝，这些老旧坝体在遭遇洪水等自然灾害时，极易出现安全问题。同时，设备设施陈旧老化，可靠性差，部分小水电站甚至没有应急设施及措施。此外，一些电站操作人员老龄化严重，专业技术人员匮乏，在日常运行和突发情况应对时，安全难以得到有效保障。比如，在紧急的设备故障处理中，由于缺乏专业技术人员，可能导致故障扩大，引发安全事故。

小水电管理涉及水利、自然资源、环境保护、农业、能源、安监等多个政府部门，各部门职责交叉，却又缺乏有效的协同机制，导致监管“九龙治水”，无法形成合力。例如，在小水电项目的环境影响评估方面，水利部门关注水资源利用，环保部门侧重生态影响，由于缺乏统一协调，容易出现监管漏洞和重复监管的情况，影响监管效果。

（4）发展与投入问题。

小水电大多规模小、分布散、地理位置偏远，经营管理人员往往缺乏长远发展眼光和技术更新动力，仅满足于维持简单再生产，无法适应现代电力市场的发展需求。例如，面对日益严格的环保要求和能源技术进步，这些小水电企业无力进行技术改造和升级，逐渐在市场竞争中处于劣势。

相比较大中型水电站，小水电的科研投入相对较少，在科研方面并未形成有效指导小水电智能调度运行的成熟技术。这限制了小水电行业的技术进步和智能化发展。例如，在如何根据不同季节、不同时段的水资源变化，实现小水电的最优发电调度方面，由于科研投入少，缺乏有效的解决方案，影响了小水电的发电效率和经济效益。

3. 河南省绿色水电发展不足

（1）开发程度较低：资源分散与开发率不足。

河南省水能资源以中小河流为主，伊河、汝河、白河等河流分布分散，开发潜力集中在中小型水电站，但整体开发率显著低于四川等水电大省。例如：四川依托雅砻江、金沙江等大型河流开发巨型水电站（如白鹤滩水电站），而河南多为分散式小水电，单站规模小，有些电站装机仅数十千瓦，难以形成规模化效益。

河南省农村水力资源可开发量达100.20万kW，但截至2024年12月，全省小水电装机仅54.93万kW，远低于风电（15.3%）和光伏（24.7%）。

（2）生态保护压力大：平衡生态流量保障与发电效益关系的挑战。

部分小水电在枯水期为追求发电效益，生态流量下泄不达标，导致厂坝间河道减水脱流部分电站虽建设了生态泄流设施，但缺乏动态监测和智能调度。

一些河流水坝阻断鱼类洄游通道，鱼道设计与运行效果不佳。例如，伊河、汝河流域的水电站虽尝试建设鱼道，但因缺乏长期生态评估，鱼类种群恢复效果有限。

（3）技术水平待提升：设备老化与智能化短板。

第一，水轮机效率低下。河南省小水电多采用早期设计的水轮机（如佩尔顿水轮机），普遍存在设备老化、效率衰减问题。例如，部分引水式水电站的水轮机因长期高负荷运行，水斗磨损严重，导致水流冲击能量损失增加，发电效率下降10%~15%。

第二，发电机与励磁系统落后。部分电站采用20世纪70年代直流励磁机，换向器多次车削后剩余加工量不足，碳刷年消耗量达27 t，维护成本高昂。老旧灭磁开关故障率高，存在合闸失败、跳闸异常等问题，威胁电网安全。若升级为静态励磁系统，可提升发电效率60%，但单台改造成本约500万元，资金压力大。

（4）经济竞争力较弱。

河南水电资源分散、单站规模小，电力市场的交易机制尚未充分考虑绿色小水电的特殊性，在电力消纳方面存在一定障碍。例如，在电量优先上网、绿色电力证书交易等方面缺乏完善的制度安排，绿证核发与交易规模较小，影响了绿色水电项目的收益和发展动力。

（六）河南省水电开发情况

到2024年底，河南省有农村水电的县共58个。可开发量较多的省辖市有：洛阳市31.5万kW，南阳市21.8万kW，信阳市14.2万kW，三门峡市9.7万kW，焦作市4.4万kW，安阳市4.7万kW。6个省辖市的可开发量占河南省可开发量的86%。河南省已建成农村水电站542座，装机容量54.93万kW，其中10 000 kW以上电站有9座（商城鲇鱼山水库电站、洛宁崛山水电站、洛宁崇阳水电站、禹门河电站、辉县潭头水电站、南召鸭河口水库电站、河口村水电站、引沁河口电站西沟水电站），5 000～10 000 kW电站18座（石门水电站、盘石头水库电站、黄河水电站、张村水电站、武当山水电站、陆浑灌溉洞水电站、拨云岭水电站、昭平台一级水电站、青天河一级水电站、南湾水电站、槐店水电站、薄山水电站、桥沟水电站、金牛岭水电站、曲里水电站、前坪坪湖水电站、窄口水电站、清凉寺水电站），5 000 kW以下电站515座（香山电站、河坞电站、板桥电站等）。

河南省水能资源主要分布在豫西、豫南和豫北的贫困山区和革命老区，河南省水电建设从1950年开始试办电站，到“五五”（1976—1980）进入高峰期，平均每年新增3万kW。从“七五”（1986—1990）开始进入稳定增长期。河南省农村水电自1975年开展农村水电电气化建设，到2015年底共完成投资17.5亿元，电气化工程建设新增装机11.3万kW，改善装机25.5万kW，年新增发电量4.9亿kW·h；小水电代燃料项目建设从2006年开始，到2015年底共完成投资1.95亿元，新增及改造代燃料装机2.74万kW，为1.8万户7.3万人提供低价代燃料用电，保护森林植被31万亩;农村水电增效扩容改造工程自2013年开始，到2015年底共完成投资3.39亿元，新增及改造装机13.42万kW，年均净增加发电量1.43亿kW·h。到2023年底河南省农村水电站542座，总装机达54.93万kW，年均发电量达8.9亿kW·h，河南省农村水电建设步入了持续、健康发展时期。

（七）河南省绿色水电发展工作思路和展望

1. 河南省小水电绿色发展工作思路

（1）资源普查与规划。

全面普查：对河南省内的水电资源进行详细普查，包括河流的流量、落差、水能蕴藏量等基础数据的收集与分析。确定不同区域水电资源的可开发潜力，重点关注中小河流中的未开发或开发不足的水能资源。

科学规划：结合生态保护要求和电力需求预测，制定全省小水电绿色发展规划。规划应明确水电开发的布局、规模和时序，避免过度开发，确保水电开发与生态、社会发展相协调。

（2）生态优先理念贯穿始终。

生态流量保障：建立严格的生态流量监管制度，通过科学计算确定每条河流在不同季节、不同河段的生态需水量。要求小水电站在运行过程中必须保证下泄足够的生态流量，采用生态流量监测设备实时监控下泄流量情况，并与监管部门联网，实现在线监管。

生态修复：对已建小水电站造成的生态影响进行评估，制定生态修复计划。例如，对于水电开发导致的河流断流、栖息地破坏等问题，采取增殖放流、建设生态鱼道、恢复河岸植被等措施进行修复。

（3）技术创新与升级。

高效水能利用技术：鼓励水电企业引进和研发新型水能转换技术，提高水轮机的效率，降低水能转换过程中的能量损失。推广应用智能控制系统，实现水电设备的自动化运行和优化调度，根据来水情况实时调整发电功率，提高发电效率。

绿色施工技术：在新建和改造水电项目过程中，采用绿色施工技术，减少施工过程中的水土流失、噪声污染和粉尘污染。例如，采用预拌混凝土、装配式建筑构件等，避免现场搅拌混凝土产生的粉尘和噪声；设置挡土墙、截水沟等水土保持措施，防止施工过程中的水土流失。

（4）政策支持与监管强化。

政策扶持：制定有利于小水电绿色发展的政策，如财政补贴、税收优惠等政策，鼓励水电企业进行绿色升级改造。争取小水电绿色发展专项资金，用于支持水电项目的生态保护、技术创新和节能减排等工作。

监管体系完善：建立健全小水电监管体系，加强对水电项目从规划、建设到运行全过程的监管。明确各部门的监管职责，加强部门间的协同合作，避免出现监管空白或重复监管的情况。对违反相关规定的企业，依法进行处罚，情节严重的责令停产整顿。

（5）促进水电与其他产业融合发展。

水光互补：结合河南省的太阳能资源分布情况，探索水电与光伏发电的互补发展模式。在水电厂附近建设光伏发电站，通过智能电网将水电和光电进行联合调度，弥补水电因来水不稳定而产生的发电波动，提高电力供应的稳定性和可靠性。

水电与旅游融合发展：对于具有一定景观价值的水电项目，开发水电旅游资源。例如，打造水电科普教育基地、建设观景平台、开展水上娱乐项目等，将水电产业与旅游业有机结合，增加水电项目的附加效益，促进地方经济发展。

2. 河南省小水电绿色发展展望

小水电是可再生能源，在解决偏远地区农村用电、助力乡村脱贫攻坚、优化能源结构、促进地方经济社会发展方面发挥着不可替代的作用，绝大部分小水电留住了绿水青山野趣乡愁，已经和谐地融入了周边环境，成了美丽环境的一部分。

绿色发展是小水电未来发展的必然方向。2012年11月，党的十八大从新的历史起点出发，作出“大力推进生态文明建设”的战略决策。2016年中央一号文件提出“发展绿色小水电”。为贯彻落实党中央、国务院决策部署，2016年12月，水利部印发了《水利部关于推进绿色小水电发展的指导意见》，明确发展绿色小水电要全面落实“创新、协调、绿色、开放、共享”的新发展理念和“节约、清洁、安全”的能源发展方针。提出到2020年，建立绿色小水电标准体系和管理制度，初步形成绿色小水电发展的激励政策，创建一批绿色小水电示范站；到2030年，全行业形成绿色发展格局。2017年5月，水利部颁布了《绿色小水电评价标准》，同年6月，《水利部关于开展绿色小水电站创建工作的通知》印发，绿色小水电示范电站创建工作正式启动，截至2023年底，全国累计创建绿色小水电示范电站1 067座，总装机容量987万kW，年平均发电量349亿kW·h，涉及库容438亿m^3，治理减脱水河长3 290 km。

2024年，水利部召开小水电绿色发展现场会，明确了要深入贯彻落实党的二十届三中全会精神，全面贯彻习近平生态文明思想，深刻认识小水电在新时代推进生态文明建设、助力实现“双碳”目标中的作用，以推动高质量发展为主线，积极稳妥推进分类整改，加快绿色改造和现代化提升，努力构建布局合理、绿色安全、智能集约的现代化小水电。

（1）能源结构优化中的重要角色。在河南省未来的能源结构调整中，绿色水电将作为清洁能源的重要组成部分，逐步提高其在能源供应中的占比。随着技术的不断进步和政策的持续支持，绿色水电将与其他可再生能源（如风电、太阳能等）协同发展，为实现河南省的碳达峰、碳中和目标作出积极贡献。

（2）生态保护与经济发展的双赢示范。通过绿色水电的发展，河南省有望在全国树立生态保护与经济发展双赢的示范典型。在保护河流生态环境的前提下，实现水能资源的可持续利用，同时带动当地就业，增加地方财政收入，推动农村地区的电气化进程和经济发展，为乡村振兴战略的实施提供有力支持。

（3）水电技术创新与推广的前沿阵地。河南省可以凭借自身的科研实力和水电发展实践，成为水电技术创新与推广的前沿阵地。在高效水能利用技术、生态修复技术、水电与其他能源融合技术等方面取得更多的创新成果，并向其他地区推广，提升河南省在全国水电行业的影响力。

（4）构建新型电力系统的积极参与者。绿色水电的灵活性和可调节性使其能够在构建新型电力系统中发挥积极作用。随着电力体制改革的深入和电力市场的逐步完善，河南省的绿色水电将积极参与电力辅助服务市场，为电网提供调频、调峰等服务，提高电网的稳定性和可靠性，促进新型电力系统的构建。

展望未来，河南省小水电工作将继续以生态文明建设为导向，推动小水电从“重开发”向“重管理”转变，从“保运行”向“提质量”跃升，奋力谱写河南小水电绿色高质量发展的新篇章。通过绿色改造和现代化提升，河南省的小水电站将实现与生态环境的和谐共生，为助力河南省水利高质量发展作出新的贡献。

三、河南省绿色小水电示范电站建设实践典型案例回顾

习近平总书记在党的十九大报告中强调了保护环境和提高资源利用效率的重要性，这为绿色小水电的发展提供了政策背景。河南省积极响应国家和水利部的号召，制定了绿色小水电发展规划，推动绿色小水电示范电站创建工作。

鼓励小水电站进行增效扩容改造，对于符合绿色小水电标准的项目给予资金支持，促进了小水电绿色发展。通过采用新技术、新材料和新的运行管理模式，提高小水电站的发电效率，降低运行成本，同时减少对环境的负面影响，从而实现小水电行业的可持续健康发展。

绿色小水电的创建不仅关注经济效益，更强调生态效益，通过科学配置水资源和优化调度，实现水资源的合理利用对河流生态的保护。

《河南省绿色小水电示范电站建设实践》一书旨在回顾河南省在小水电绿色发展方面的典型案例，通过详细分析拨云岭水电站、金牛岭水电站、鸭河口左岸水电站、

鸭河口右岸水电站、火炎水电站、黄河水电站、盘石头水电站等七个小水电站的绿色发展历程，总结其成功的经验和做法。本书的编写目的是推广这些先进的工作经验，为推动其他小水电站的绿色转型和高质量发展提供具体的指导和参考。

拨云岭水电站：拨云岭水电站位于黄河水系中洛河支流伊河栾川段上，电站引水口以上控制流域面积为1 038 km^2，为有坝无调节引水式水电站。2015年11月顺利通过安全生产标准化达标验收，成为河南省第一个农村水电安全生产标准化达标电站。2020年成功创建“绿色小水电示范电站”。到目前为止，拨云岭水电站从生态流量泄放管理、电站安全管理、调度管理等方面严格落实责任，确保“绿色小水电站示范电站”的规范化、标准化运营。

金牛岭水电站：金牛岭水电站位于河南省洛阳市栾川县的伊河干流上，是以发电为主，兼顾旅游、防洪、水产等综合利用的中型水利枢纽工程。2016年3月通过河南省水利厅组织的安全生产标准化二级达标验收，并分别于2020年、2024年顺利通过安全生产标准化续期复审。2021年成功创建“绿色小水电示范电站”。作为河南省推荐的绿色小水电创建电站之一，该电站展现了其在绿色发展方面的努力和成就。

鸭河口左岸水电站与鸭河口右岸水电站：两电站均为鸭河口水库附属电站，是河南省小水电发展的重要组成部分。鸭河口水库是长江流域白河上游，一座以防洪灌溉为主，城市及工业供水为辅、兼顾发电等综合利用的大（1）型水利枢纽，总库容13.39亿m^3。鸭河口右岸水电站于1982年并网发电，2014年实施增效扩容改造，现装机10 800 kW。鸭河口左岸水电站和鸭河口右岸水电站的建设和运营，不仅提供了清洁能源，还促进了当地的经济发展和生态保护。

火炎水电站：火炎水电站2011年实施生态水电站代燃料电源工程技术改造；2016年通过“农村水电站安全生产标准化”达标验收；2019年实现生态流量不间断泄放，2020年被水利部授予“绿色小水电示范电站”。其作为河南省小水电的代表之一，积极响应水利部政策，采取先进做法，推广工作经验，为河南小水电的绿色发展提供了参考。

洛宁黄河水电站：洛宁黄河水电站位于河南省洛宁县境内的黄河一级支流——洛河干流上，电站为有坝无调节引水式水电站，总装机容量9 000 kW。2010年1月建成后并网发电，2012年6月通过竣工验收，多年平均发电量2 258万kW · h。2016年3月获评“农村水电站安全生产标准化二级单位”，2020年获得“绿色小水电示范电站”

称号，现已实现少人值班管理模式。目前电站运行状况良好，综合效益显著。

盘石头水电站：盘石头水电站位于河南省鹤壁市卫河支流淇河中游，是海河流域淇河上唯一一座以防洪、供水为主，兼顾灌溉、发电等综合利用的大（2）型水利枢纽工程。该电站属盘石头水库坝后式水电站，水库总库容6.08亿m^3，2008年建成投运，总装机容量9 380 kW，多年平均发电量2 616万kW·h。电站于2019年被评为“安全生产标准化二级达标单位”，并于2023年5月完成“安全生产标准化二级达标单位”延续。同年，被评定为“绿色小水电示范电站”；年发电量已突破4 000万kW·h，为鹤壁经济社会发展提供了强大动力。2024年5月建立“教育教学实训基地”，产教融合，共育英才。“淇水流碧玉，舟车日奔冲”。坐落在“中国诗河”之上的盘石头水电站，秉承生态优先绿色发展理念，不断向社会提供绿色能源，为鹤壁水更绿、山更青、天更蓝贡献水电力量，在中原这片热土上描绘更美的画卷。

书中不仅记录了各个电站在技术革新、智能化管理、生态保护等方面的具体措施，还深入探讨了如何通过“政企学研”协同发展模式，实现小水电从传统发电模式向绿色、科学的综合效益转变。通过这些案例，本书希望能够为全国范围内的小水电站提供可复制、可推广的绿色发展模板，从而促进整个行业的可持续发展，为实现国家“双碳”目标贡献力量。

四、结语

河南省绿色小水电示范电站的建设实践，是新时代背景下能源转型与生态保护协同发展的生动缩影。本书以拨云岭、金牛岭、鸭河口左岸、鸭河口右岸、火炎、洛宁黄河、盘石头等七个典型电站为切入点，系统梳理了河南省在小水电领域绿色发展的探索历程与创新成果。这些电站从技术升级到管理变革，从生态修复到效益整合，走出了一条兼具经济可行性、环境友好性与社会可持续性的发展路径，为全国小水电行业提供了可复制、可推广的“河南样板”。

全书通过七个案例的深入剖析，揭示了绿色小水电建设的核心要素：技术创新是基础，智能化监控与生态流量调控系统的应用，有效提升了电站的能效与生态兼容性；管理转型是关键，数字化平台与标准化运维体系的构建，推动了传统电站向现代化管理模式的跨越；生态优先是原则，通过河道生态修复、鱼类增殖放流等措施，实现了发电效益与生物多样性保护的平衡；协同机制是保障，“政企学研”四方联动的模式，打通了政策支持、企业实践、学术研究与技术创新之间的壁垒，形成了绿色发展的合力。

这些实践不仅验证了小水电绿色转型的可行性，更展现了其在服务乡村振兴、助力碳达峰碳中和目标中的独特价值。河南省的经验表明，小水电并非“落后产能”的代名词，而是可以通过科学改造与系统优化，成为清洁能源体系中的重要组成部分。其成功转型不仅减少了区域碳排放，更带动了地方经济发展，促进了流域生态健康，实现了多目标的共赢。

面向未来，小水电的绿色发展仍需持续深化技术创新，探索智慧化运维的新路径；强化生态效益评估，建立全生命周期的环境影响监测机制；完善政策支持体系，推动绿色认证与碳交易市场的衔接；加强区域交流合作，促进先进经验的跨流域推广。本书所总结的案例与经验，期待能为全国小水电行业的转型升级提供实践参考，为更多地区破解“能源-生态-民生”协调发展难题贡献智慧。

绿色发展之路永无止境。愿本书成为一座桥梁，连接过去与未来，凝聚行业共识，激发创新活力，共同书写小水电行业高质量发展的新篇章。

02

CHAPTER

拨云岭水电站绿色发展纪实

DOCUMENTARY OF GREEN DEVELOPMENT OF BOYUNLING HYDROPOWER STATION

DOCUMENTARY OF GREEN
DEVELOPMENT OF BOYUNLING
HYDROPOWER STATION

拨云岭水电站绿色发展纪实

一、电站概况

拨云岭水电站坐落在栾川县潭头镇拨云岭村，是伊洛河流域综合规划伊河水电站梯级开发的第七级，为有坝无调节引水式水电站。

拨云岭水电站隶属于河南省天源水电有限公司，现为非公有股份制企业。河南省天源水电有限公司于2005年1月通过国有企业改制组建，2016年国有资本全部退出，现为非公有股份制企业。公司注册资本2 000万元，拥有固定资产原值1.2亿元，在岗员工95人，下辖4座水电站，总装机容量11 900 kW，年发电量4 000万kW·h。公司在水电管理方面不断创新进步，2014年建成水电站梯级调度集控中心，2016年所属4座电站通过安全生产标准化达标验收，2019年实现“无人值班、少人值守”运行模式等众多成果。公司也是河南省第一个通过安全生产标准化达标验收的农村水电企业。

栾川县拨云岭水电站位于黄河水系中洛河支流伊河栾川段上，电站引水口以上控制流域面积为1 038 km^2。

电站于1997年12月开工建设，2000年4月并网发电，2002年1月通过竣工验收，2007年获得了由国家电力监管委员会颁发的《电力业务许可证》。2011年进行了技术改造。

电站为有坝引水径流式电站，由渠首拦河坝、引水渠道、压力前池、主副厂房、尾水渠、泄水渠、升压站等部分组成，渠首坝库容50万 m^3，装机容量为6 400 kW（2 × 3 200 kW），设计流量为11.5 m^3/s，设计水头64.6 m，设计年发电量为2 468万kW·h。多年平均发电量2 232万kW·h。

建设时期的拨云岭水电站

2015年11月顺利通过安全生产标准化达标验收，成为河南省第一个农村水电安全生产标准化达标电站。

2018年对拨云岭等伊河梯级水电站进行水电站梯级调度自动化集控中心升级改造，2019年6月实现“无人值班、少人值守”运行模式。

2020年成功创建“绿色小水电示范电站”并于同年1月获得取水许可。

二、绿色小水电创建历程

（一）紧跟国家政策导向，践行先进理念学习

在国家对绿色小水电发展重视的大背景下，水利部颁发绿色小水电评价标准、《关于开展绿色小水电创建工作的通知》等相关政策文件，省水利厅、市局也相继出台有关绿色小水电示范电站创建的文件。拨云岭水电站积极响应这些政策要求，依据文件精神开展绿色小水电创建工作，从行动上积极向绿色发展转型。

公司为贯彻“创新、协调、绿色、开放、共享”的新发展理念，积极响应栾川县生态立县战略和“绿水青山就是金山银山”理念实验基地建设，依据水利部《关于推进绿色小水电发展的指导意见》、绿色小水电评价标准以及相关创建通知要求开展工作。

在马路湾水电站创建成功的引领下，开展拨云岭水电站的绿色小水电创建工作。2020年按照水利部《关于做好2020年绿色小水电示范电站创建工作的通知》文件要求，成立创建工作领导小组，明确成员职责和任务。

（二）下泄生态流量计算与审定

依据相关政策要求，为了确保电站运行对下游生态的影响降至最低，拨云岭水电站需要确定合理的下泄生态流量。通过严谨的分析与计算，确定满足下游居民生活、生产用水和河道生态用水需求的下泄生态流量不小于0.551 m^3/s。这一数据经过相关部门审定，为后续的生态流量设施设备方案确定提供了依据。

（三）生态流量设施设备方案确定

1. 泄放设施建设

根据水利部颁发的绿色小水电评价标准、水利部《关于开展绿色小水电创建工作的通知》及省水利厅、市水利局有关绿色小水电示范电站创建等文件要求，编制《栾川县拨云岭水电站生态流

量泄放工程技术方案》并完成批复。

按照批复的生态流量泄放工程技术方案——《栾川县水利局关于对栾川县拨云岭水电站生态流量泄放工程技术方案的批复》（栾水〔2020〕34号），在电站渠首冲沙闸门底部，加装焊接钢板支脚，以此实现不小于0.551 m^3/s的生态流量下泄。

2.监测设施建设

生态流量监测系统由闸位计、雷达水位计、数据采集终端机RTU、太阳能供电系统、摄像头等组成。监测断面应布设在电站生态流量泄放设施出口处，或坝（闸）、发电厂房尾水口下游河道断面，能够实现对生态流量的实时、持续不间断监测，确保数据的准确性和完整性。同时，在冲沙闸下游左侧挡墙上和渠首启闭机操作平台上，安装泄流视频监控系统，视频信息传至天源水电有限公司调度中心，存储硬盘能够满足3个月24小时不间断存储视频影像资料。

三、绿色小水电创建特色

（一）率先建成水电站梯级调度集控中心

2014年初，在全省率先建成水电站梯级调度集控中心，实现了伊河上游梯级水电站统一调度、集中控制、安全运行和水能资源优化配置。

水电站梯级调度自动化系统包括现地机组自动控制系统、骨干通信网络、集控中心计算机监控系统、视频监控系统等。

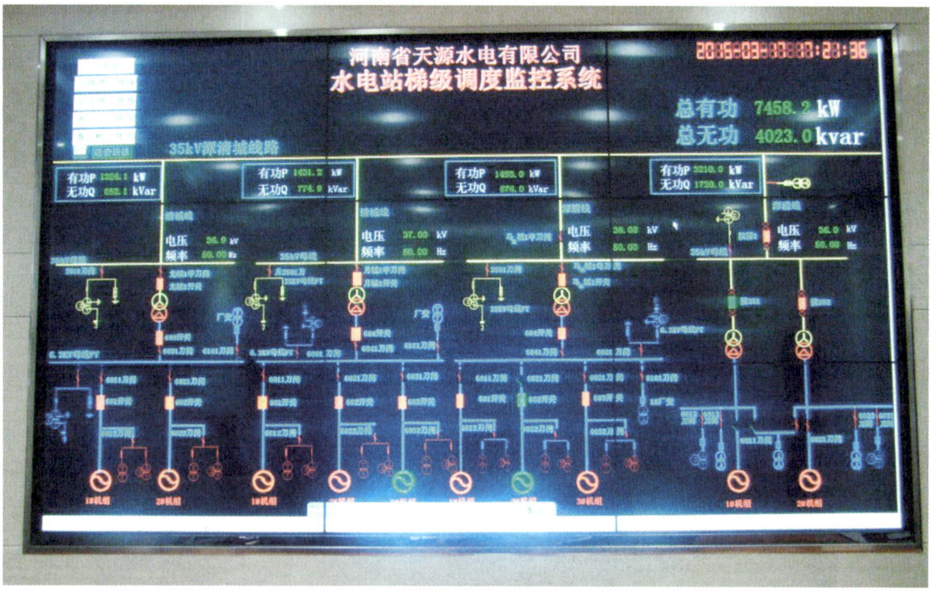

2019年6月实现了“无人值班、少人值守”的运行模式，开创了全省农村水电站梯级水电站“无人值班、少人值守”运行模式的先河。

2021年，河南省水利厅和郑州大学把天源水电有限公司确定为水电站梯级自动化调度和智能电站建设试点企业，对调度运行系统升级改造，能够实现调度智能化、电站管理智慧化，提高企业智能化管理水平和企业效益。

水电站梯级调度集控中心建成后，下游梯级电站发电量明显增加，每年发电量由4 200万kW·h增加到4 814万kW·h，年增加614万kW·h，增长率为15%，增加收入212万元，经济效益可观。

（二）安全生产标准化创建

1. 创建历程

依据水利部《关于农村水电站安全生产标准化达标评级实施办法（暂行）的通知》（水电〔2013〕379号）、河南省水利厅《关于开展农村水电站管理标准化工作的通知》（豫水电〔2014〕3号），2014年初启动安全生产标准化创建工作。

每年制定教育培训计划，学习内容有规章制度、法律法规、标准规范、各种规程、应急救援预案和演练方案、警示教育等（如“安全生产月”安全知识竞赛、防汛演练、参加农村水电安全生产培训班等），并分别对员工组织一次《电业安全工作规程》《运行规程》《调度规程》《水工建筑物和金属结构运行规程》培训和考试，考核合格方可上岗。电气设备每年进行一次预防性试验。拨云岭水电站运行至今无安全责任事故、环境事件和重大水事纠纷事件发生，从而使电站步入规范化、制度化、标准化管理轨道，并为其他水电站的安全生产标准化建设积累了宝贵经验，起到了带动和引领作用。

拨云岭水电站安全生产标准化建设工作于2015年11月全面完成，并于2015年11月27日至28日进行了达标评审，成功取得农村水电站安全生产标准化证书，成为农村水电站安全生产标准化二级单位。

2. 后续发展与完善

2020年，按照安监部门要求，在水电安全生产标准化管理基础上完成了“双重预防体系”建设，实现了安全生产“关口前移、源头治理、精准管理、科学预防、持续改进”的工作目标。

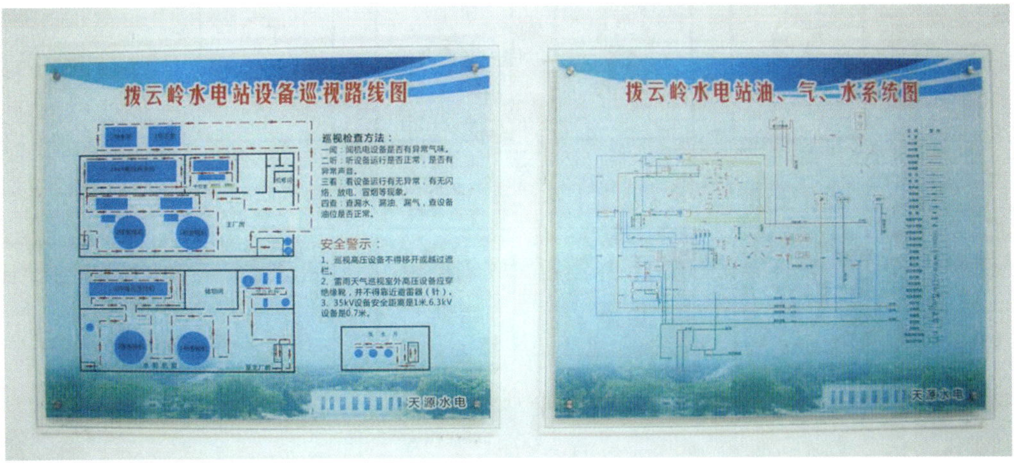

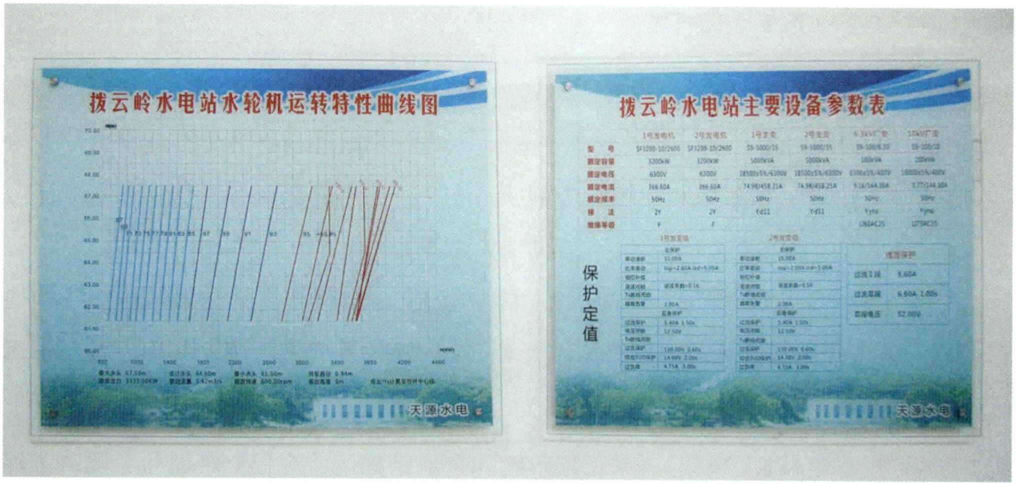

2020年7月和2023年10月拨云岭水电站顺利通过省水利厅的安全生产标准化续期复审工作。

3. 硬件与制度建设

制作安装设备标识牌、巡视路线图和实际巡视路线标识及相关悬挂图表，完善了消防设施，对油气水管路进行涂漆及流向标识，消除安全隐患，有效保证了生产安全。

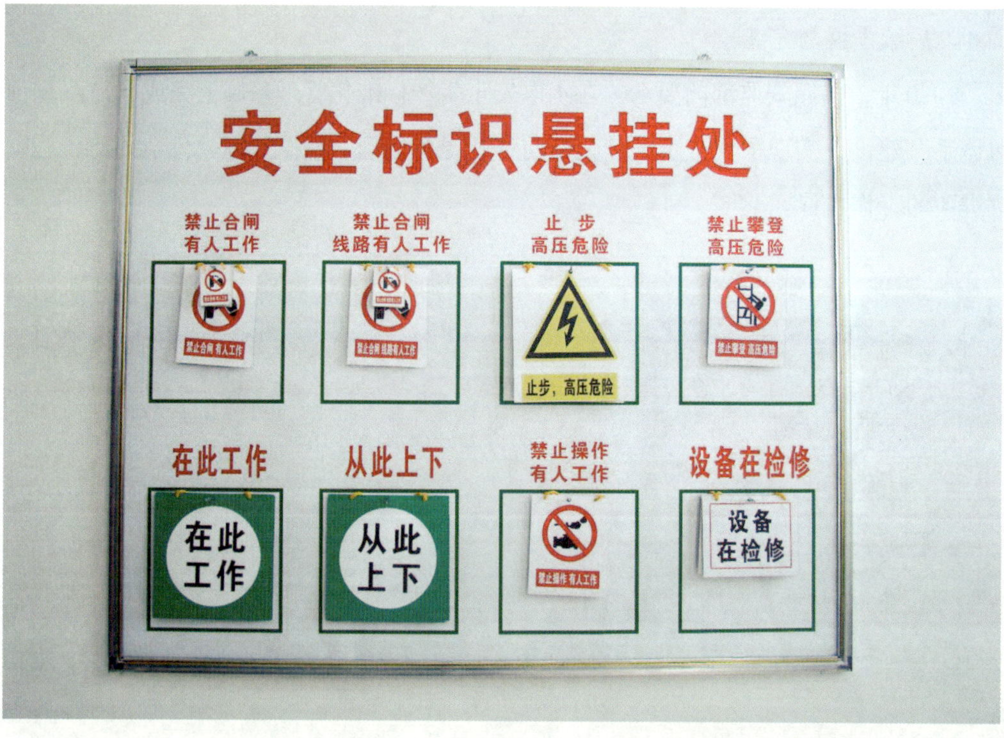

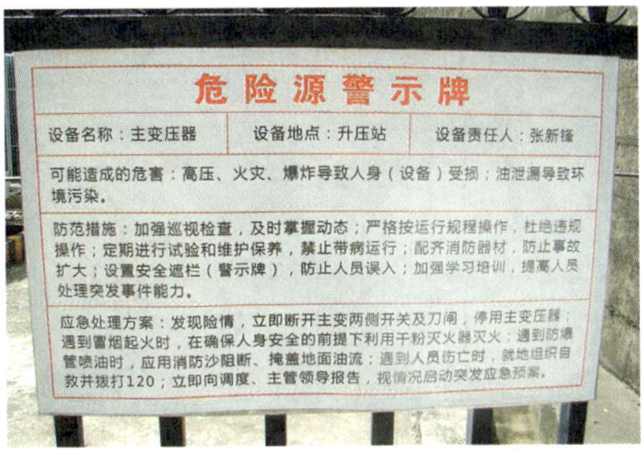

在注重硬件建设的同时，重新修订了51项制度，完善了50余种票表记录。成立“安全生产领导小组”，每月召开一次安全生产会议。

（三）生态流量监测

生态流量监测系统由闸位计、雷达水位计、数据采集终端机RTU、太阳能供电系统、摄像头等组成，实现对生态流量的实时、持续不间断监测，确保数据的准确性和完整性。监测断面布设在电站生态流量泄放设施出口处，或坝（闸）、发电厂房尾水口下游河道断面，以反映电站下泄全部生态流量及过程。

在冲沙闸下游左侧挡墙上和渠首启闭机操作平台上，安装泄流视频监控系统，视频信息传至天源水电有限公司调度中心，存储硬盘能够满足3个月24小时不间断存储视频影像资料。

电站制定了《绿色小水电建设管理制度》《绿色水电站泄放工程设施管理办法》等制度，从生态流量泄放管理、电站管理、调度管理等方面落实责任，确保绿色小水电站建设规范化、运营管理标准化。

电站向河道下泄生态流量，满足了下游居民生活、生产用水和河道生态用水。

库区、厂房区、办公区、生活区不存在乱占、乱采、乱堆、乱建现象。

（四）电站履行社会责任

1. 对地方发展战略的支持

拨云岭水电站作为绿色小水电示范电站，不仅在电力供应上发挥作用，还积极履行社会责任，推进水生态文明建设，为栾川县生态立县战略和“绿水青山就是金山银山”理念实验基地建设作出贡献。

2014年，拨云岭村被授予第二批河南省传统村落。

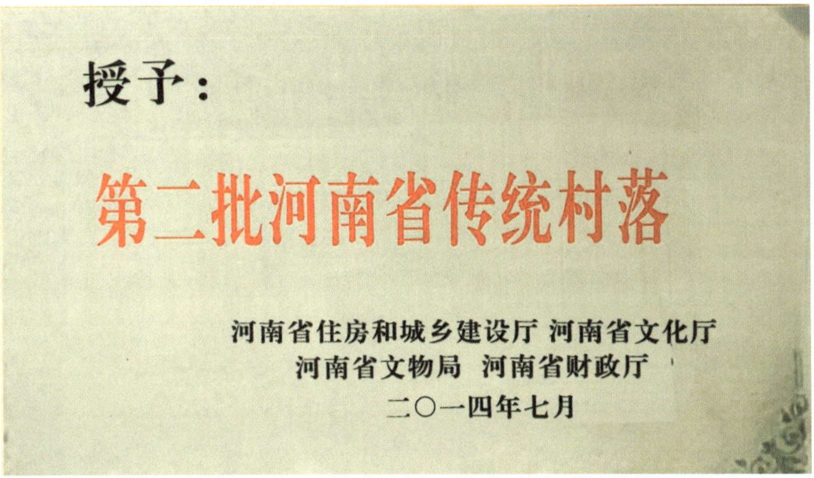

2. 对当地环境与基础设施的贡献

电站自运行以来，注重环境保护，对厂区进行美化绿化，大力支持当地基础设施建设，开展对口扶贫帮带，先后捐资建设了拨云岭村伊河大桥、道路照明等民生工程，形成了美丽的山水景色，助力乡村振兴。

拨云岭村道路

拨云岭水电站捐建照明工程

拨云岭大桥

应急供电设施

四、存在问题与经验推广

拨云岭水电站在安全生产标准化创建过程中积累了丰富的经验，从制度建设、设施完善到人员管理等多方面入手，确保水电安全生产。同时，在绿色小水电创建过程中，将安全与绿色发展相结合，实现了既保障电力供应，又保护生态环境的目标，在保障经济效益的同时兼顾生态效益，为其他水电站提供了可借鉴的经验。

虽然为下泄生态流量，公司每年损失近200万元的经济收入，这对企业的经济效益有一定影响。但电站下泄生态流量满足了下游居民生活、生产用水需求，在灌溉和抗旱方面发挥了积极作用。这一经验表明，水电站在规划和运营过程中，可以通过合理安排下泄流量，兼顾多方面的用水需求，实现综合效益的最大化。

未来，拨云岭水电站将继续走好绿色转型发展之路，通过智能化改造、集约化运营、物业化管理，推进小水电绿色化改造和现代化提升，为实现碳达峰、碳中和目标提供有力支撑。

03

CHAPTER

金牛岭水电站绿色发展纪实

RECORD OF GREEN DEVELOPMENT OF JINNIULING HYDROPOWER STATION

RECORD OF GREEN DEVELOPMENT OF
JINNIULING HYDROPOWER STATION

金牛岭水电站
绿色发展纪实

一、电站概况

金牛岭水利枢纽工程位于河南省洛阳市栾川县境内，属于伊河流域，为伊河栾川段水电梯级开发的第四级，是栾川县电气化建设的骨干电源工程。该工程是以发电为主，兼顾旅游、防洪、水产等综合利用的中型水利枢纽工程。

金牛岭水电站是金牛岭水利枢纽工程的重要组成部分，位于伊河干流栾川段上，为坝后式水电站，隶属于栾川县鸿安金牛水电有限公司，是栾川县伊河干流的龙头水电站。

金牛岭水电站装机容量为5 000 kW，设计水头29.5 m，设计年发电量为1 650万kW·h，2014年4月并网发电运行，2016年3月完成了竣工验收，多年平均发电量1 200万kW·h。

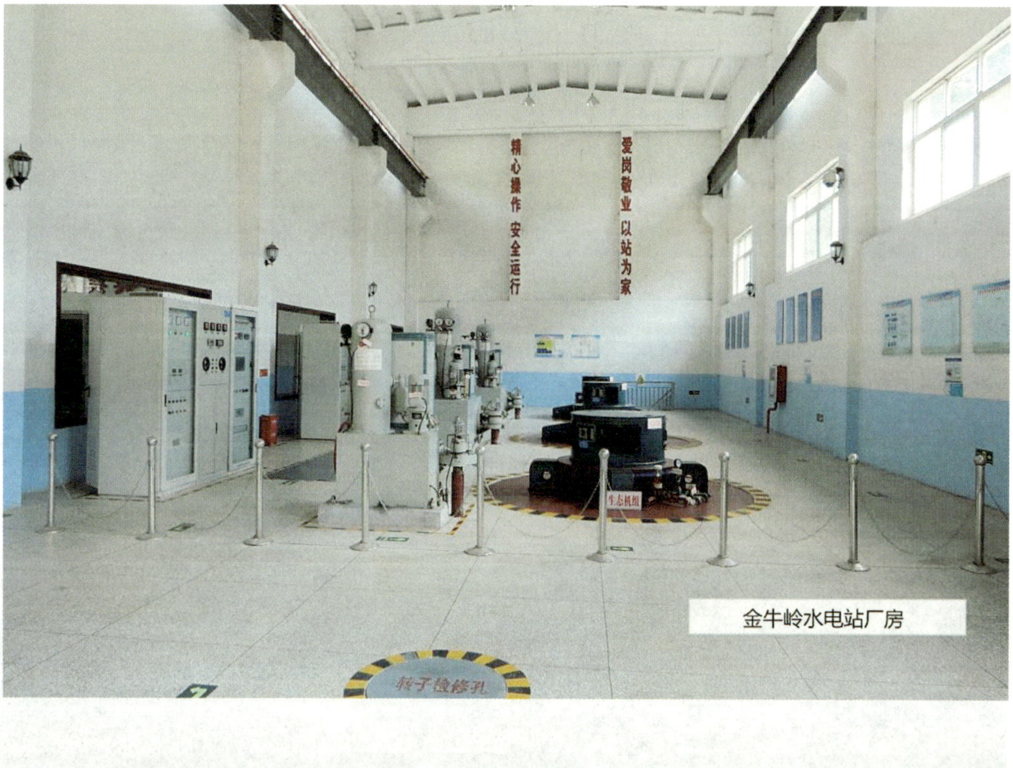

金牛岭水电站厂房

2020年，电站在软件升级方面加大投入，更新监控软件，升级水库调度软件，实现合理调配资源和实时科学监控，为水电站的高效运营提供了坚实的管理保障。

金牛岭水库电站主要任务是补充电网电量的不足，可调峰，并使下游已建的系列电站径流得到调节，增加发电量，提高电站运行管理的灵活性。

电站采用计算机监控、保护综合自动化系统，已经实现“无人值班、少人值守”的运行模式。

水电站梯级调度中心

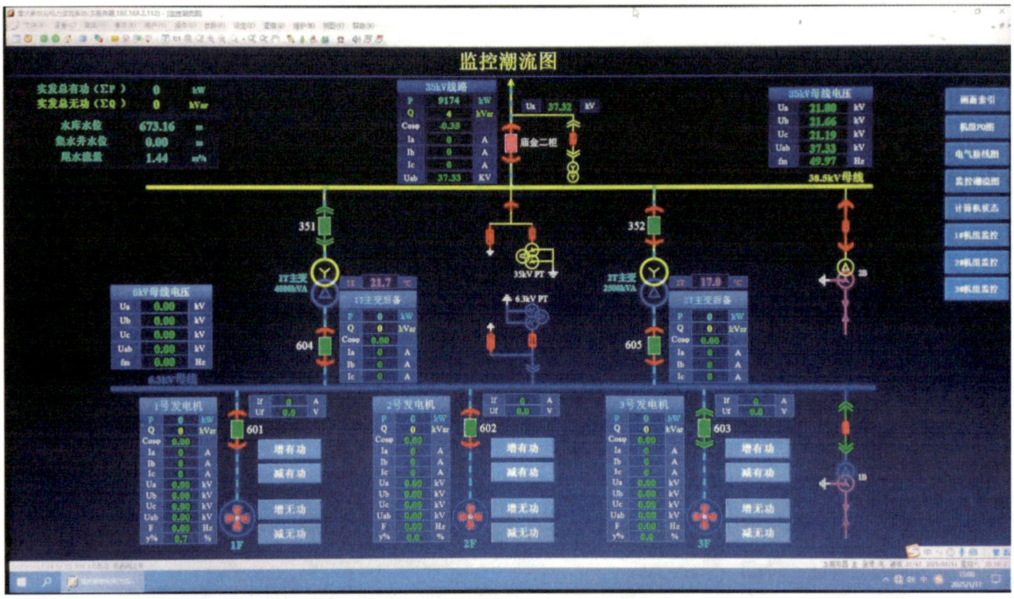

二、绿色小水电创建历程

（一）依循国家政策轨迹，深化理念学习内涵

1. 政策研究与学习机制

系统性学习：组织电站管理层和技术骨干集中学习《绿色小水电评价标准》《水

电站生态流量核定与泄放技术导则》等文件，参加省水利厅绿色小水电创建培训学习2次，将学习精神及要求对全体职工进行了传达。

对标整改：对照《绿色水电认证评分表》逐项自查，形成《合规差距分析报告》，重点整改生态流量保障、环保手续合规等6类问题。

动态跟踪：建立政策更新台账，订阅水利部政策发布平台，每季度组织一次“政策—实践”研讨会，例如针对新发布的《小水电生态流量监管办法》，及时调整泄放监测方案。

2. 规程规范落地措施

制定《电站绿色运行管理制度》，将生态流量泄放、库区清污管理、设备节能改造等纳入标准化操作流程。增加生态流量泄放设施观察、监测记录，安排专人进行巡查填写，确保设施可靠工作，上传视频及数据监测资料。

通过“理论考试+实操演练”双考核机制，确保员工掌握《小水电安全生产标准化规范》等核心内容，使全员在日常工作中得以应用。

（二）生态流量核定与保障实践

1. 科学核定生态流量

生态流量技术方案：2018年12月公司委托第三方肇庆市水利水电勘测设计院有限公司对金牛岭水电站泄放生态流量进行了现场勘测设计，并制定了《栾川县金牛岭水电站生态流量泄放工程技术方案》。2019年1月，洛阳市水利局组织专家对技术方案进行了评审。2019年2月，根据《洛阳市水利局关于栾川县金牛岭水电站生态流量泄放工程技术方案的批复》（洛水建〔2019〕10号），为满足河流生态需求，电站进行了下泄生态流量的计算。按照当地河流生态环境特点、鱼类等水生生物生存需求以及相关规范标准，计算得出不低于0.432 m^3/s的生态下泄流量。这一流量数值经过审定，成为电站生态流量泄放的依据。

生态流量泄放工程施工：2020年12月，公司编制了《金牛岭水电站生态流量泄放工程施工方案》，2021年4月，完成了生态流量泄放工程施工调试；2021年5月，洛阳市水利局组织专家对下泄工程进行了竣工验收。

按照批复的生态流量泄放技术方案——《洛阳市水利局关于栾川县金牛岭水电站生态流量泄放工程技术方案的批复》（洛水建〔2019〕10号），通过生态机组24小时不间断泄放生态流量，满足不低于0.432 m^3/s生态下泄流量。

2. 泄放设施与监测体系

泄放设施:确定金牛岭1号机组为生态流量下泄机组，装机容量为1 000 kW，额定流量为4 m^3/s，该机组导叶开度不小于18%时，完全满足生态流量下泄要求。当该机组维修时，控制调度其他机组满足最小流量下泄。

监测装置：在尾水渠安装尾水流量监测设施及视频监控系统，实时监测流量数据及视频。相关数据资料传输至中控中心存储保存半年以上，并接入省级监管平台在线监管，确保生态流量泄放的可监测性和可控性。

应急保障：配置柴油发电机作为泄放备用电源，紧急情况下1号机组也可作为备用电源投入运行，确保极端情况下泄放不中断。

三、绿色小水电创建特色

（一）安全生产标准化创建

1. 创建过程与达标验收

2015年1月，金牛岭水电站开始进行安全生产标准化创建工作。2016年3月，通过河南省水利厅组织的安全生产标准化二级达标验收，顺利成为农村水电站安全生产标准化二级单位。

2020年、2024年，金牛岭水电站两次通过安全生产标准化二级续期复审。

2019年11月，金牛岭水电站获得取水许可，取水许可证有效期至2026年12月。

2021年12月，金牛岭水电站被评为绿色小水电示范电站。

2. 目标分解与责任落实

电站制定清晰的安全生产总体目标，并将其层层分解到各个部门、各个岗位，完善安全生产责任制，让安全责任真正落到实处。

3. 管理制度完善

自2014年4月投运以来，金牛岭水电站不断总结经验，完善管理方法，先后制定了《金牛岭水电站运行规程》《金牛岭水电站安全规程》《金牛岭水电站检修规程》等53项安全生产管理制度。

4. 强化现场管理

现场管理是重中之重。通过定期巡检、维护保养等措施，及时发现并排除设备故障隐患，坚决杜绝“三违”现象。

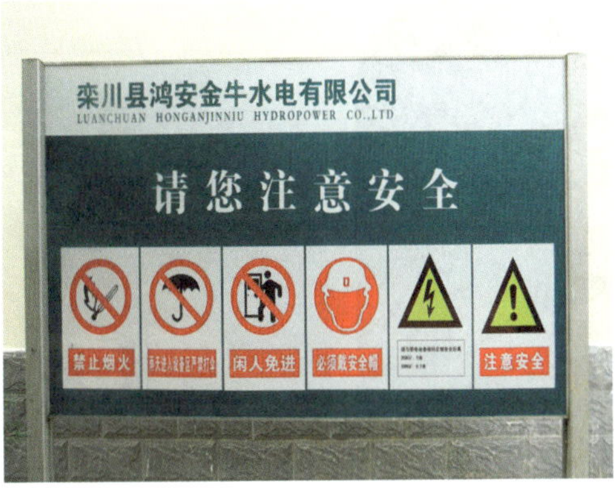

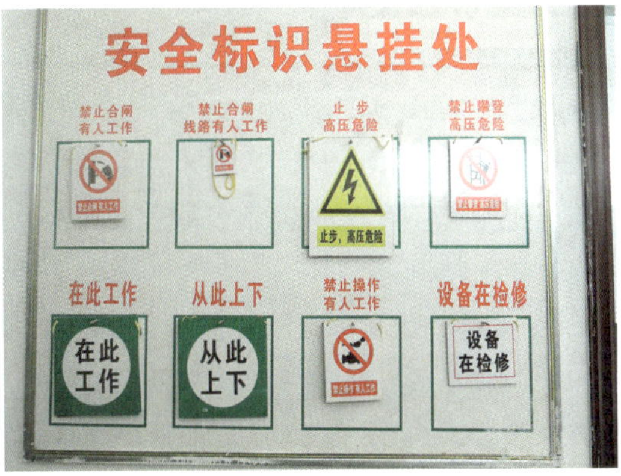

（二）生态流量泄放设施及监测设施运行情况

在尾水渠安装流量计和视频监控设施，这种设备组合能够实时监测生态流量数据，并通过视频监控直观查看泄放情况。数据和视频信息传送至主控室，存储硬盘可保存12个月的视频资料，为生态流量的有效监管提供了可靠的技术手段。

金牛岭水电站生态机组

金牛岭水电站尾水渠

金牛岭水电站生态流量泄放监测设施

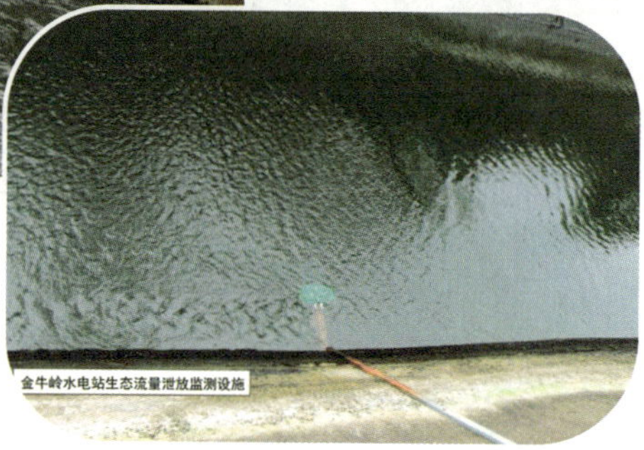
金牛岭水电站生态流量泄放监测设施

生态流量泄放监控设施
生态流量泄放位置

（三）电站履行社会责任

1. 社会和谐共建

电站运行至今，积极参与地方公共公益设施建设，改善了当地的照明、道路、供水状况，提升了周边居民的生活质量。

资助乡村建设：金牛岭水电站对所在地村级公路建设资助45万元，资助村里购买垃圾车，修建自来水等民生工程。采购当地种植的瓜果免费送往贫困地区，促进了当地经济建设，为乡村振兴添砖加瓦。

关爱老人：每年水电站对金牛岭组超过60岁的老人，发放年终慰问品。

2. 生态环境友好

通过护坡、复绿等方式，有效防止了水土流失，电站植被恢复良好。同时，有效保障河流的生态流量，使河流中的鱼类种群数量逐渐恢复，实现了生态效益的提升。

金牛岭水电站与水库养殖方积极协调配合每年对水库进行增殖放流，投放花莲、白莲鱼苗，推行“以清促养”模式。通过多年的努力，目前水库水质得到明显改善，库区内多种水鸟在此栖息，形成优美景色。库区与水电站完美结合相得益彰，现在被命名为“鸾栖湖景区”，游客不断。

库区治理：公司定期组织人员对湖面漂浮物进行打捞，在库区安装安全警示标示牌，2024年水库已创建为标准化一级示范水库。

下游百米河道概貌

3. 运行管理

巡检制度:流量监测监控设施及线路由站长及副站长定期进行现场巡查，存储数据资料按期调阅，发现隐患及时处理。

台账制度:建立尾水流量监测监控设施台账，便于记录、统计、查阅。

安装生态流量泄放公示牌，确保下泄生态流量满足要求，接受公众监督。

加强与省级生态流量监管平台沟通，确保传输数据实时、真实、有效、可靠、稳定。

技术支持:与设备厂家保持技术沟通，及时对监测监控设施系统进行升级改造。

安全生产标准化：金牛岭水电站已成功创建安全标准化二级达标单位，通过标准化管理使电站设施运行更加安全可靠。

4. 经济合理优化

降本增效：金牛岭水电站自创建绿色小水电以来进行了多项技术改造，首先对监控系统进行了升级改造，新改造的系统更加稳定可靠，与县城监控中心远程系统更加兼容，能够实时监测传输生态流量视频及数据，运行也更加稳定，实现了少人值班无人值守。连续3年逐一更换3台水轮机转轮，更换成新材质转轮后，机组出力明显上升，机组震动、摆度变小，增加了发电效益。还对35 kV断路器等设备进行了更换，使设备能够持续安全运行。

优化调度：金牛岭水库为中型水库，库容2 360万m^3，电站充分调度水源在保障下游生态流量、库区水位的前提下，通过精准调度降低汛期弃水量，保护水生态环境。

5. 实施绿色水电提升改造

金牛岭通过生态机组+自动控制，实现生态流量精准调控与电站设备安全运行；采用远程兼容+现场监测，是省内最早接入监管平台的电站之一；此外，实施优化运行+提升改造，实现了能源节约化与效益高效化相结合，为持续稳健发展奠定了坚实基础。

6. 旅游项目开发

大力开发旅游项目，盘龙湖旅游已成为栾川县水上旅游网红打卡地，促进了当地旅游业的发展，带动了地方经济。

目前电站运行状况良好，不仅有效保障了河流的生态流量，使得河流中的鱼类种

群数量逐渐恢复，而且通过节能改造提高了发电效率，综合效益显著，实现了经济效益与生态效益的双赢。

四、存在问题与经验推广

（一）存在问题与改进方向

初期生态流量监测数据稳定性不足：监控软件与远程系统不兼容导致传输不够稳定，后通过改造水电站监控系统解决兼容问题，后期视频数据传输稳定。

泄放与发电矛盾：仍需进一步优化调度算法，实现发电效益的最大化。

对绿色水电政策解读不足：拟建立培训制度，定期学习绿色水电相关政策，对全员进行培训，提高电站运行管理水平。

（二）经验推广

技术融合：生态流量监控监测需要稳定的技术支撑，金牛岭水电站通过技术提升改造实现了软件兼容，监测数据稳定可靠。

先行先试：金牛岭水电站在安全生产标准化创建、绿色小水电创建方面均争取走在同行业前列，2024年获得省级绿色小水电提升改造奖励资金30万元，生态流量监测设施补助资金3万元，在一定程度上缓解了电站改造资金压力。

人才储备：电站定期开展自动化技术培训，使金牛岭水电站职工在技术方面能够独当一面，为可持续发展储备技术力量。

总之，金牛岭水电站的成功转型表明，积极响应国家政策导向是小水电企业可持续发展的关键。企业应密切关注国家在生态保护、能源转型等方面的政策变化，及时调整发展战略。

通过安全生产标准化创建，电站在保障安全生产的同时，也为绿色小水电创建奠定了坚实基础。

金牛岭水电站在发电的同时，兼顾旅游、防洪、水产等综合效益，实现了经济效益、生态效益和社会效益的协同发展。这种模式为其他小水电企业提供了借鉴，为推动整个小水电行业的绿色发展转型提供了思路和参考。

绿色小水电的创建之路是一条充满挑战与机遇的转型之路，从传统小水电的粗放发展到绿色小水电的可持续发展，这一历程见证了人类在能源开发利用领域的理念更新和技术进步。

展望未来，金牛岭水电站将继续在创新与完善中不断前行，与其他可再生能源协同发展，持续提升管理水平和实施技术革新，为水电站的绿色发展道路添砖加瓦，为构建更加清洁、美丽、可持续的能源未来贡献力量。

04

CHAPTER

鸭河口水电站绿色发展纪实

DOCUMENTARY OF GREEN DEVELOPMENT OF YAHEKOU HYDROPOWER STATION

DOCUMENTARY OF GREEN
DEVELOPMENT OF YAHEKOU
HYDROPOWER STATION

鸭河口水电站
绿色发展纪实

一、电站概况

鸭河口水电站位于河南省南阳市南召县皇路店镇鸭河村，隶属南阳市鸭河口水库运行保障中心管理。

鸭河口水库是长江流域白河上游一座以防洪、灌溉为主，结合城市及工业供水，兼顾发电等综合利用的大（1）型水利枢纽，总库容13.39亿m^3。

鸭河口左右岸水电站，相距2 km，原总装机容量11 720 kW。左岸电站装机容量为2×1 360 kW，于1965年并网发电，年设计发电量1 000万kW·h。右岸电站装机容量为3×3 000 kW，年设计发电量2 500万kW·h，于1982年并网发电。

2014年鸭河口水电站增效扩容改造后，左岸电站由2×1 360 kW机组增容至2×1 600 kW，右岸电站由3×3 000 kW机组增容至3×3 600 kW，电站总装机容量达到14 000 kW。设计年发电量4 448.41万kW·h。

左岸水电站厂房外貌全景

右岸水电站厂房外貌全景

电站配置微机自动化监控系统，采用现地级、操作员工作站（厂房中央控制室）、集中控制（信息中心）三级控制，可以实现在集中控制中心对左岸、右岸两座电站机组启停操作和主要设备的监控，达到了“无人值班”的技术要求，实现了“少人值守”的运行管理模式。

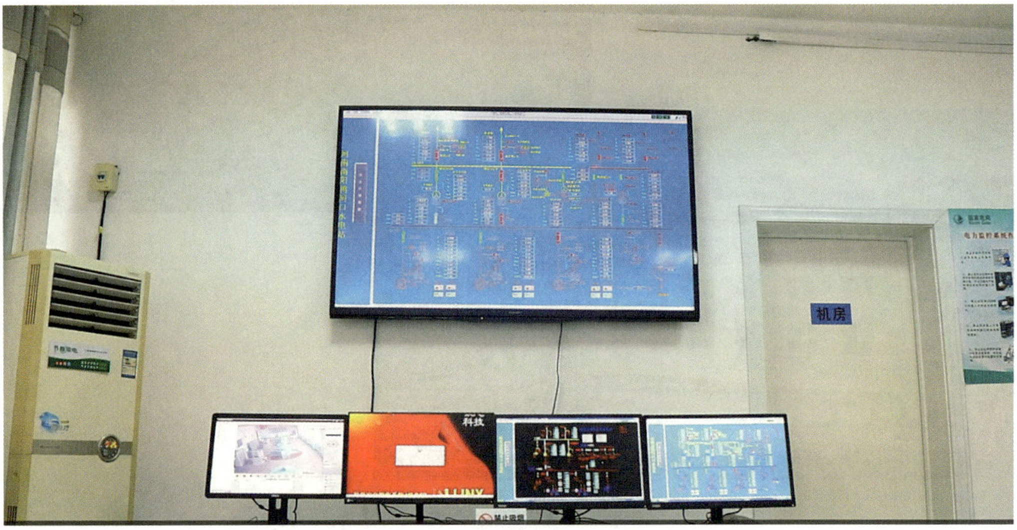

二、绿色小水电创建历程

（一）政策为纲，理念为魂，学习为本

2024年，为创建绿色小水电示范电站，首先，鸭河口水电站成立创建专班，深入研究国家关于绿色能源和水电发展的相关政策文件，如《中华人民共和国可再生能源

法》《水电站大坝运行安全管理规定》等，明确水利部对绿色小水电站的定位、支持措施及环保要求。其次，重点学习水利部发布的技术规范和规程，如《小型水电站运行维护技术规范》《绿色小水电评价标准》等，掌握绿色小水电站在规划设计、施工建设、运行管理等方面的具体要求。通过系统学习，准确把握政策导向和技术标准，为创建绿色小水电示范电站奠定坚实的理论基础。

库区及大坝全貌

（二）下泄生态流量计算与审定

鸭河口水电站取用水全部纳入水库调度运行管理。2017年大坝鉴定为一类坝，2020年大坝完成注册。

2023年4月，鸭河口水电站获得取水许可，取水许可证有效期至2028年3月。

水库根据国家防总《关于2018年度长江中下游水库群联合调度方案的批复》（国汛〔2018〕6号），确定鸭河口水库最小泄流量为2.66 m^3/s。

根据国家防总国汛〔2018〕6号文，鸭河口水库制定《鸭河口水库生态供水管理办法》，设置生态机组下泄生态流量为2.66 m^3/s，确保逐日下泄水量符合标准，确保下游河道自然生态平衡。

（三）生态流量设施设备方案确定

电站在尾水渠上安装了生态流量监测监控设备，实现了视频图像与流量数据实时叠加传输，数据同步传至河南省取用水管理平台及鸭河口水库信息管理系统。

三、鸭河口绿色小水电创建特色

（一）安全生产标准化创建

鸭河口水电站，分别于2021年和2024年完成“农村水电站安全生产标准化二级单位”续评工作。

（二）生态流量监测设备

鸭河口水电站核定生态流量为2.66 m^3/s。左右岸水电站采取机组功率换算的方式监测实时流量，并在生态流量泄放口安装动态视频监控系统，实现监测数据、画面同步上传至省级生态流量监管平台，实时查看生态流量泄放情况，保障生态流量足额

泄放。

坝下游河道生态良好。

库区、厂房区、办公区、生活区不存在乱占、乱采、乱堆、乱建现象。

（三）电站履行社会责任

电站不仅是绿色能源的生产者，更是社会责任的践行者，为龙田沟供电、向鸭河村供水、为大刘村修路、为一峰村捐赠办公设备等。多年来与周边村庄睦邻相处，和谐共生。

鸭河口水电站通过签订劳务派遣合同解决当地就业问题，并积极参与周边的基础设施建设和公益事业，比如：道路建设与维护、照明设施安装、供水与灌溉设施，为当地经济社会发展作出了重要贡献。这一系列举措不仅改善了居民的生活条件，还增强了水电站与当地居民的紧密联系，得到了当地居民的高度认可，实现了经济效益、社会效益和生态效益的协调发展，为其他单位履行社会责任提供了良好示范。

为龙田沟供电

向鸭河村供水

为大刘村修路

为一峰村捐赠办公设备

青山横北郭，白水绕东城。坐落在白河之上的鸭河口水电站，秉承“生态优先，绿色发展”的理念，不断向社会提供绿色、清洁的能源，在豫西南大地上描绘出一幅美丽的画卷。

四、存在问题与经验推广

（一）抓好水电安全，发挥绿色效益

认真贯彻落实上级关于安全生产的各项指示要求，全面抓好安全生产管理工作，持续保持电站稳定运行，为水资源充分利用发挥积极作用。

强化安全管理，认真落实水利安全生产风险管控“六项机制”，牢固树立安全发展理念，切实把安全生产工作提高到讲政治、保稳定、促发展的高度。坚持“安全第一、预防为主、综合治理”的指导方针，制定年度安全工作目标任务和安全生产“两个责任”清单，从查思想、查制度、查管理、查隐患和抓落实五个方面抓实安全生产管理，严格执行安全生产法律法规和安全标准，保持安全稳定的良好局面。

压实安全责任，落实安全生产主体责任和“一岗双责”，建立完善安全生产责任体系，强化三级安全管理网络建设，成立安全生产领导小组，签订安全生产目标责任书，形成全员、全方位、全过程监管的安全管理体系。每周召开安全例会，每月、每季度对车间安全生产综合情况考核。

严格安全培训，持续加大对安全教育的重视和投入，推进安全教育常态化。利用空闲时间开展安全技能培训，注重理论与实践相结合，紧贴规程学习、设备操作、维护检查、应急处置、案例分析等，扎实提升业务素质，一线职工通过培训考核全部持证上岗。

抓实安全宣传，加强全员安全教育，树牢严防意识，通过多种载体形式开展安全生产宣传教育，举办安全知识讲座、竞赛，开展安全学习活动，传播安全文化，切实增强全员安全法规意识、责任意识、红线意识和风险防范意识。

抓好设备维护，制定检修计划，严格遵守“应修必修、修必修好”的宗旨，对每台机组和重要关键设备建立图文资料技术档案，有序进行检修保养维护。检修过程严格执行标准化作业相关要求，抓好安全管控和现场安全监督，全面保证设备检修质量。按时做好设备定检预试工作，实现预检工作安全、优质、高效，为发供电设备安全生产打好基础。

（二）灌溉、抗旱，综合效益显著

鸭河口水电站通过其灌溉系统，为南阳市5个县（区）（宛城区、卧龙区、方城县、社旗县、唐河县等）32个乡（镇）的127万亩农田提供了稳定的水源保障，这些区域是南阳市重要的农业生产基地，灌溉系统的覆盖为当地农业提供了稳定的水源保障，在稳定粮食生产、推动农业经济发展、改善农村生活条件等方面发挥了不可替代的作用。作为南阳经济社会发展的重要支撑，鸭河口水电站不仅为区域粮食安全作出了重大贡献，还为农业现代化和乡村振兴提供了坚实基础。未来，鸭河口水电站通过进一步优化灌溉系统和推动智慧农业，将继续为南阳的经济社会发展注入强大动力。

05
CHAPTER

火炎水电站绿色发展纪实

RECORD OF GREEN DEVELOPMENT OF HUOYAN HYDROPOWER STATION

RECORD OF GREEN DEVELOPMENT
OF HUOYAN HYDROPOWER STATION

火炎水电站绿色发展纪实

一、电站概况

火炎水电站是一座径流引水式电站，装机4台，总装机容量4.1 MW，1969年底开工建设，1972年1月正式投产，1982年4月通过竣工验收，多年平均发电量1 554万kW·h。50多年来运行稳定，累计为社会提供了近7亿kW·h的清洁能源，也为豫西地区培养了一大批水电技术人才。

火炎水电站为径流引水式电站，电站由洛北渠供水，渠道总长17.6 km，设计引水流量15 m^3/s，加大流量为18 m^3/s，保证发电用水10.4 m^3/s，水头30 m，安装4台卧式水轮发电机组，总装机容量4 100 kW（2×800 kW+2×1 250 kW）；火炎水电站是卢氏县农村电气化县的骨干电源工程之一，设计年发电量1 820万kW·h，年设计利用率4 439 h。

卢氏县火炎水电站位于河南省三门峡市卢氏县城东6 km的东明镇火炎村东，现归属于卢氏县水利电力实业开发公司，所有制类别属于全民所有制。

火炎水电站全貌

火炎水电站厂房及升压站

火炎水电站厂房内景

火炎水电站主控室

火炎水电站前池

火炎水电站尾水渠

二、绿色小水电创建历程

（一）以国家政策为指引，深入理念学习之旅

2018年8月，河南省水利厅下发《关于开展绿色小水电站创建试点工作的通知》（豫水办电〔2018〕9号），火炎水电站被选入创建试点名单。卢氏县水电公司根据《水利部关于开展绿色小水电站创建工作的通知》（水电〔2017〕220号）、《关于水电站下泄最小生态流量有关问题的通知》（豫水电〔2015〕3号），参考《绿色小水电创建实施方案编制提纲》，召开专题会议，成立“绿色小水电站创建领导小组”，安排收集资料，查勘现场，咨询、编写创建方案等工作。11月，省水利厅印发《关于举办绿色小水电站创建培训班的通知》（豫水电发〔2018〕90号），组织技术骨干8人到郑州学习绿色小水电评价标准、申报流程、材料整理、创建方案编写，并听取专家解读、答疑。委托三门峡市和康水利工程设计服务有限公司进行水文计算分析，编制《火炎水电站绿色小水电创建实施方案》和《生态下泄流量技术方案》。

（二）下泄生态流量计算与审定

洛河流域多年平均径流深176.7 mm，电站渠首以上控制流域面积3 700 km^2，经过计算，电站渠首处汛期（5—10月）多年平均径流量为32.16 m^3/s，非汛期（11月至次年4月）渠首处多年平均径流量为11.24 m^3/s；汛期（5—10月）最小生态基流按照同期多年平均天然径流量的10%计算，即为3.22 m^3/s；非汛期（11月至次年4月）生态基流按照同期多年平均天然径流量的10%计算，即为1.12 m^3/s；同时，当坝址处天然来水流量小于1.12 m^3/s时，按天然来水流量泄放。

根据河南省水利厅文件《河南省水利厅关于水电站下泄最小生态流量有关问题的通知》（豫水电〔2015〕3号），2019年4月，火炎水电站编制《生态下泄流量技术方案》，经卢氏县水利局复核，下发《关于火炎电站生态下泄流量技术方案的批复》（卢水〔2019〕29号），明确：火炎电站非汛期最小下泄流量为1.12 m^3/s，汛期最小下泄流量为3.22 m^3/s。

火炎水电站在渠首冲沙闸底部焊装钢板支脚，使冲沙闸与底板形成0.1 m不能闭合的高度，满足无节制下泄流量1.12 m^3/s。

（三）生态流量设施设备方案确定

依据《关于火炎电站生态下泄流量技术方案的批复》（卢水〔2019〕29号），下泄

生态流量监视设施采用两台摄像机全天候对泄放口的流量情况、下游河道的生态环境进行录制，就地存储3个月以上，经联通VPN电路传至公司集中监视，并预留上传端口。10月，卢氏县水利局、发改委、环保局、移民局等单位和工程技术人员组成验收小组，对火炎水电站的泄流及监视设施进行验收。10月30日，验收小组作出“施工符合设计要求，监控设备运行稳定，同意完工验收”的意见。

三、火炎水电站绿色小水电创建特色

（一）安全生产标准化创建

火炎水电站投运以来，不断规范和创新管理，制定和完善了《火炎电站运行规程》《安全工作规程》《火炎电站检修规程》《电气设备试验规程》等工作规程和51种管理制度。

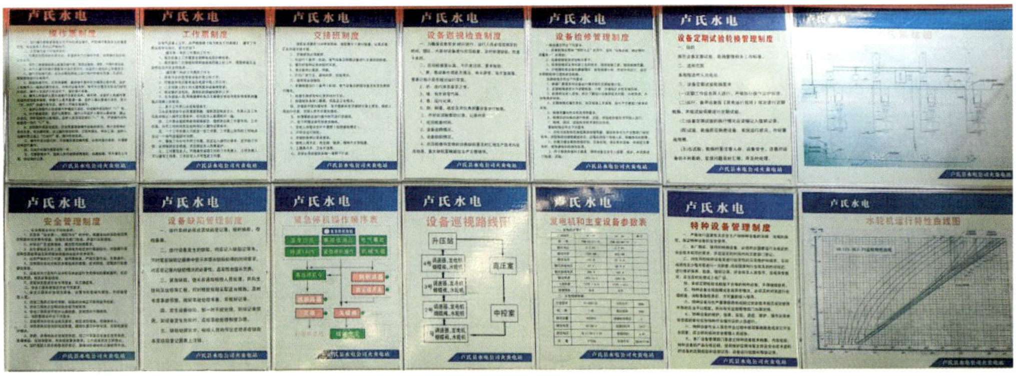

火炎水电站成立“安全生产领导小组”，每月召开一次安全生产会议，及时分析和安排各项安全工作。

实行安全生产责任制，每年年初签订《安全生产经营目标责任书》，从电站站长、副站长、科室、值长到值班员逐级分解落实安全生产责任，严格执行事故隐患五级排查制度。

制定教育培训计划，组织《电业安全工作规程》《运行规程》《调度规程》《水工建筑物和金属结构运行规程》培训和考试，考核合格方可上岗。

2015年5月，开展安全生产标准化创建工作。

2016年9月，被三门峡市水利局评为“农村水电站安全生产标准化单位”三级单位，并颁发证书。

2020年和2023年连续通过三门峡市水利局“农村水电站安全生产标准化单位”三级单位延期复审。

（二）生态流量监测设备

在冲沙闸下游左岸15 m处安装两台摄像头，一台正对泄放口，监视生态基流泄放情况，一台监视下游100 m河道生态环境，全天候录制，就地存储，保存3个月以上，经联通VPN电路传至公司集中监视，并预留上传端口。

2023年4月，根据河南省水利厅下泄生态流量集中监控要求，火炎电站泄放口监视上传方式进行改造，由联通VPN电路上传水电公司监控改为经互联网上传至省厅集中监控。8月，河南省水利厅确定火炎电站为生态流量监测数据试点电站。11月，完成雷达流量计、闸门控制系统、上传终端机安装，实现闸门控制系统根据核定的生态流量自动化调节闸门开启高度，满足生态流量要求，并实时将监测数据和监视影像上传互联网，供各级水行政主管部门监督检查，形成了一套完整的自动化泄放、远程控制、监测监视系统。

（三）创建绿色小水电示范电站

2020年3月，火炎水电站进一步整治、优化环境，升级维护设备设施，制作电站简介PPT、录制创建绿色小水电专题片，整理资料，收集各项手续，协调政府职能部门完善各种相关证明、说明，填报《绿色小水电申报表》，编制《绿色小水电评价报告》。8月，邀请省、市专家到火炎水电站进行实地查看、审阅资料、对照复核，经现场打分，火炎电站顺利通过省级初验并上报至水利部。10月，水利部通过复核火炎水电站的资料，给出“同意推荐”的结论。12月，经水利部“绿色小水电示范电站评定委员会”评定，火炎水电站被评为“2020年度绿色小水电示范电站”，并授牌和颁发证书。

2022年3月，根据《水利部办公厅关于做好绿色小水电示范电站创建和期满延续工作的通知》（办水电〔2022〕19号）及国际小水电中心《关于开展绿色小水电示范电站“回头看”核查工作的函》（国际函〔2022〕15号）有关要求，火炎水电站再次提交电站立项、取水许可、环评、土地及林地、竣工验收、生态流量泄放及监测数据、安全生产标准化建设等资料，重新整治、优化、升级厂站区、坝区、厂坝间环境及相关设施设备。8月，火炎水电站顺利通过水利部“绿色小水电示范电站评定委员会”专家组云上核查。

（四）电站履行社会责任

火炎水电站自建站以来，除了保障电力生产与生态保护的社会综合效益，还对当地的工农业生产和城市景观发挥着积极作用，为18 000亩基本农田和1 000亩千秋画园林基地提供了稳定的灌溉用水，助力农村园林景观的打造；向生态公园、生态广场和城区景观供水，为居民营造优美的休闲环境；同时为2 150户居民低价供电，捐资修建桥梁、硬化村道路，改善乡村交通条件，推动乡村发展。

四、存在问题与经验推广

（一）绿色可持续发展的经验

火炎水电站在建设与运营过程中，始终秉持绿色发展理念。从水资源利用效率来看，其通过先进技术和科学管理，实现了水资源的高效利用，减少浪费。在生态保护方面，积极采取措施降低对周边生态环境的影响，同时，在电站运行过程中，注重减少噪声、控制水土流失，为周边的自然生态和居民生活营造良好环境。这一成功经验，为其他小水电站的绿色发展之路树立了榜样，是推动小水电行业朝着绿色环保、可持续发展方向前进的典型范例。

卢氏县生态河道及生态公园

卢氏县生态广场全貌

（二）目前存在问题

设备老化：火炎水电站由于建设年代较早，水轮机、发电机、开关柜、保护和控制等设备均是20世纪六七十年代生产的，随着科技的发展，设备不断更新迭代，零部件维修难度及采购成本不断增高。

技术落后：自动化程度低，大部分操作依赖人工，效率低下；监测、保护和控制受限，难以实时准确掌握设备运行状态和各项运行参数，容易出现误判、误报。

火炎水电站的发展历程，是河南省绿色小水电发展的生动写照。建站50多年来，在保障电力供应的同时，注重生态保护与社会责任，实现了经济效益、生态效益与社会效益的共利多赢。取得这些成果，离不开一代又一代火炎人的辛勤付出，更离不开省、市、县各级水利部门的大力支持和全方位指导！

火炎水电站将继续坚定不移地秉承生态优先、绿色发展理念，以水为墨，以绿为笔，在豫西这片热土上绘就小水电绿色发展的新画卷。

06

CHAPTER

黄河水电站绿色发展纪实

RECORD OF GREEN DEVELOPMENT OF YELLOW RIVER HYDROPOWER STATION

RECORD OF GREEN DEVELOPMENT
OF YELLOW RIVER HYDROPOWER
STATION

黄河水电站
绿色发展纪实

一、电站概况

黄河水电站位于河南省洛阳市洛宁县上戈镇马蹄村的洛河干流上，其地理位置独特，上游与崇阳水电站相邻，下游跟禹门河水库库尾相接，为洛河洛宁段梯级开发的第三级。

黄河水电站为有坝无调节引水式水电站，总装机容量9 000 kW，设计发电量3 290万kW·h。2020年1月建成并网发电，2012年6月完成工程竣工验收。

渠首拦河坝照片

2016年3月被评为河南省水利厅农村水电站安全生产标准化二级达标单位，2019年、2023年两次通过安全生产标准化二级达标续期复审。

2020年12月，被水利部授予绿色小水电示范电站称号。

二、绿色小水电创建历程

（一）国家政策与理念学习

随着国家对水电绿色发展理念的倡导和相关政策的出台，为电站的绿色转型提供了方向指引，黄河水电站积极响应，电站管理层和员工深入学习绿色小水电的理念，认识到在追求发电效益的同时兼顾生态保护的重要性。

黄河水电站在河南省水利厅和洛阳市、洛宁县水利部门的指导下，学习了《水利部关于推进绿色小水电发展的指导意见》（水电〔2016〕441号）和《水利部关于开展绿色小水电站创建工作的通知》（水电〔2017〕220号）两个文件，充分地认识到创建绿色小水电站的重要性。

为了确保绿色小水电的创建效果，公司高度重视，印发了《关于成立黄河水电站创建绿色小水电站工作领导小组的通知》，明确职责分工、工作目标和创建标准，组织专职人员积极参加了“河南省绿色小水电示范电站创建和安全生产标准化培训班”，邀请省内专家和济源引沁河口水电站同仁到黄河水电站进行绿色小水电创建指导。

（二）下泄生态流量计算与审定

生态流量核定：根据豫水电〔2015〕3号文件《河南省水利厅关于水电站下泄生态流量有关问题的通知》中水电站下泄最小生态流量的确定方法，委托河南幸福源泉工程管理有限公司编制《洛宁县黄河水电站生态流量泄放工程技术方案》，于2019年9月30日在黄河水电站会议室通过了由省、市、县三级水利部门及省内行业专家现场评审，确定了黄河水电站生态流量下泄方案及下泄的生态流量。

泄放措施落实：1号冲沙闸底部两边分别焊接一个高4.7 cm的钢垫块，使闸门无法完全关闭，实现生态基流全天候无节制下泄，保障下泄流量1.62 m^3/s。流量监控设施由尾水渠岸边支架处超声波液位传感器及超声波流速仪组成，实时监测尾水流量，通过终端控制器及通信线缆将流量数据实时传输至主控室。在尾水启闭台处架设45° 摄像头，将尾水视频数据传输至主控室存储硬盘，硬盘容量可存储12个月视频资料。尾水流量和视频信息相互兼容，从而实现电站运行系统界面实时查询下泄流量相关信息。

黄河水电站渠首位于洛宁县上戈镇马蹄村桥河组西侧，主要由进水闸、冲沙闸和拦河坝段组成。

渠首拦河坝采用浆砌石重力坝，左岸至右岸依次布置左岸非溢流坝段、溢流坝段、右岸非溢流坝段，坝顶总长271 m，其中溢流坝段长146 m，坝顶高程430 m，正常发电水位429 m。采用底流消能形式。

冲沙闸段长17 m，设2孔。每孔净宽4.5 m，单扇闸门尺寸为4.5 m × 4.5 m。进水水闸由两孔组成，单扇闸门尺寸为5.5 m × 3.6 m，闸底板高程为424.80 m。

引水渠道沿左岸布置，总长924.8 m，其中隧洞段长882.2 m，引水洞后明渠长42.6 m，纵向比降1/1 000，设计引水流量79.8 m^3/s。

渠首拦河坝

冲沙闸及引水闸

施工方案：在冲沙闸底部门页上焊接2个钢垫块，垫块截面0.2 m × 0.2 m，高0.047 m。

（三）生态流量设施设备方案确定

1. 依据政策开展工作

根据《河南省水利厅关于水电站下泄生态流量有关问题的通知》（豫水电〔2015〕3号）中水电站下泄最小生态流量的确定方法，黄河水电站于2019年5月成立了绿色小水电创建领导小组，制定了详尽的工作计划。

2. 专业编制方案

委托相关单位编制《洛宁县黄河水电站生态流量泄放工程技术方案》，确定了黄河水电站生态流量下泄方案。

3. 获得批复确定流量

经洛宁县水利局批复——《洛宁县水利局关于印发洛河洛宁段生态流量保障实施方案的函》（宁水资〔2023〕7号），最终执行无节制下泄最小生态流量约为2.1 m^3/s。

4. 泄放设施方案

泄放措施是在1号冲沙闸门底部两边分别焊接一个高4.7 cm的钢垫块，使闸门无法完全关闭，实现生态基流全天候无节制下泄，保障下泄流量1.62 m^3/s。

5. 监测监控设施方案

2022年3月，黄河水电站安装生态流量泄放实时监测设备。流量监测监控设施由尾水渠岸边支架处超声波液位传感器及超声波流速仪组成，实时监测尾水流量，通过终端控制器及通信线缆将数据实时传输至主控室。

2023年4月，黄河水电站下泄生态流量监测数据及视频画面实时上传至河南省生态流量监管平台。

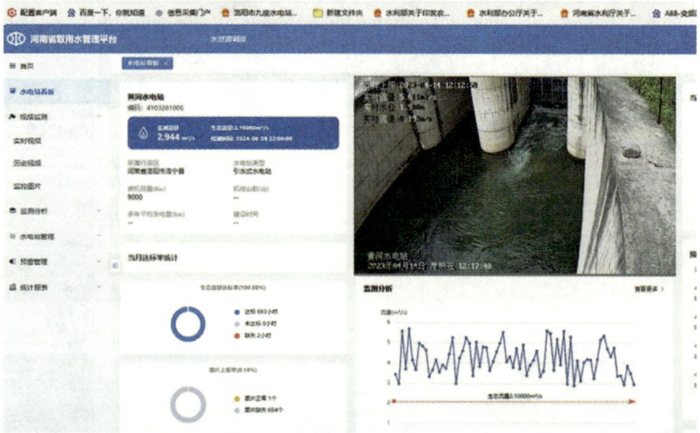

6. 生态流量监测

通过生态机组功率测量，安装流量计，实测每15分钟监测数据上传至省级生态流量监管平台一次。在生态流量泄放口，安装了动态视频监控系统。做到生态流量泄放数据实时监测，动态视频实时监控，实现生态流量泄放常态化监管，使得电站的生态流量监测数据能够接受更广泛的监管，确保生态流量泄放的准确性和稳定性。

7. 设备升级改造

通过自动化设备更新，黄河水电站已经实现远程监控、智能调度、事故处理、故障预警等功能，有效提高水电站的运行效率和安全性。通过技术创新，设备升级改造，建成黄河水电站远程集控中心，实现现场无人值班，远程少人值守，运行监视、运行操作都在远方控制中心遥控处理。水电站的各种设备状态、运行参数，包括机组振动、摆动、压力及脉动等工况参数通过系统预警和报警功能，能够及时发现和处理异常情况，并接收指令，自主完成各种运行操作和故障处理，

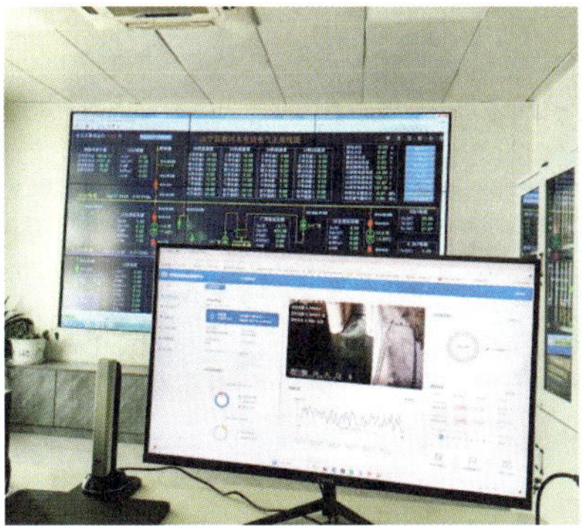

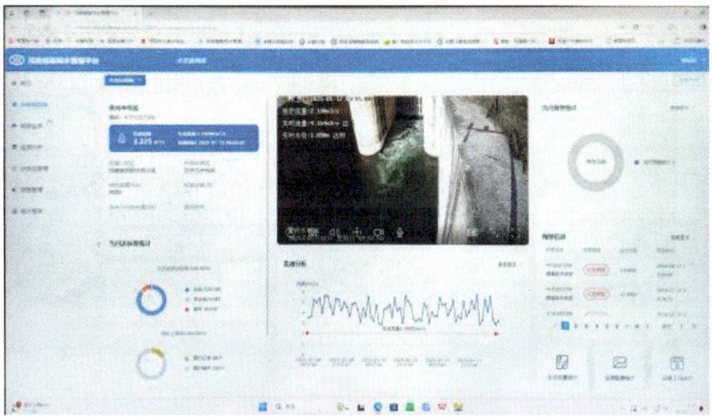

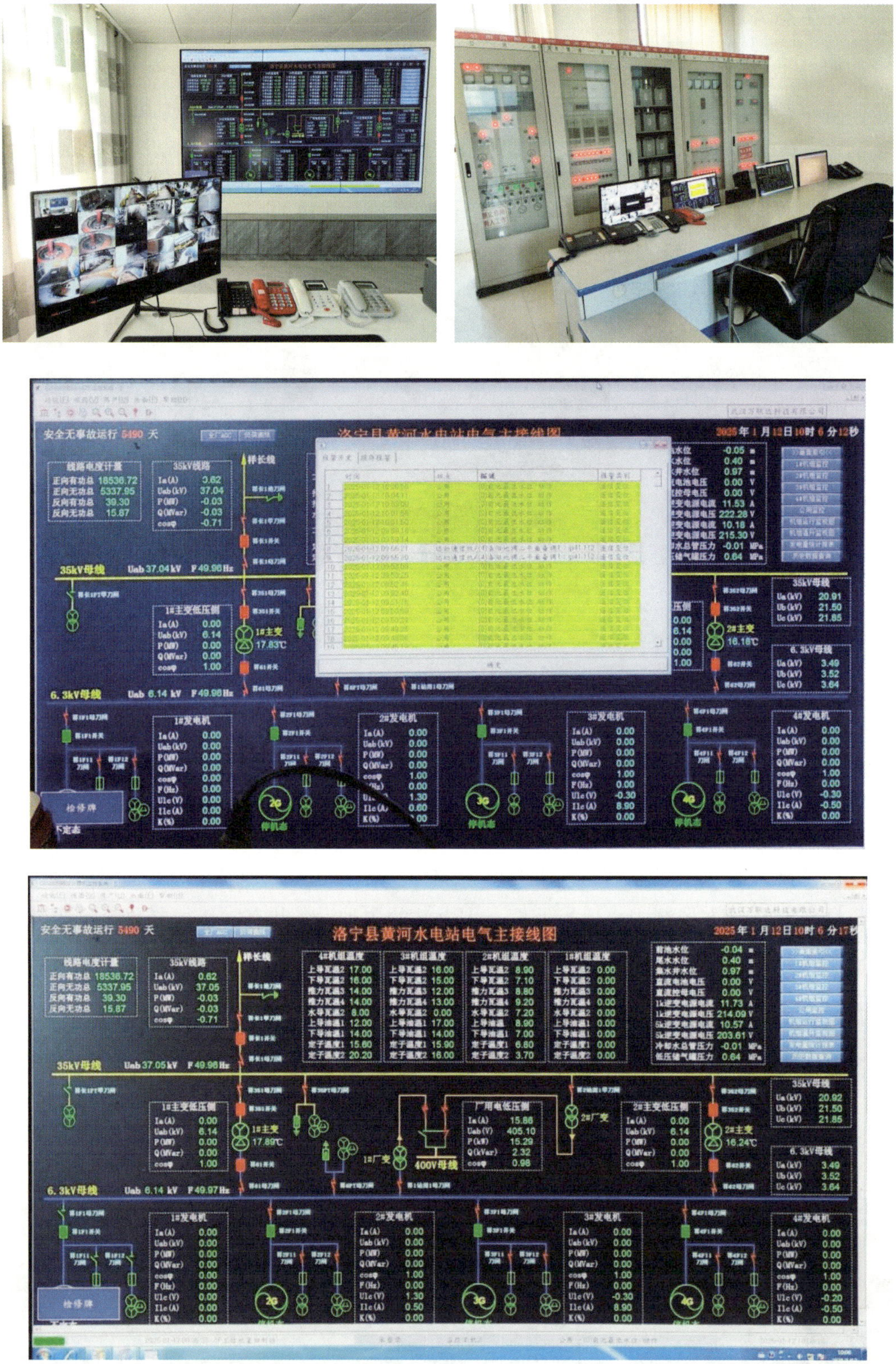
洛宁县黄河水电站电气主接线图
安全无事故运行 5490 天
2025年 1 月12日10时 6 分17秒
线路电度计量
35kV线路
35kV母线
1#主变低压侧
1#主变
2#主变
2#主变低压侧
1#厂变
2#厂变
400V母线
厂用电低压侧
6. 3kV母线
35kV母线
1#发电机
2#发电机
3#发电机
4#发电机
4#机组温度
3#机组温度
2#机组温度
1#机组温度
检修牌
停机态

自动化监控系统

三、黄河水电站绿色小水电创建特色

（一）管理规范，安全生产标准化创建

电站制定了《黄河水电站运行规程》《黄河电站安全工作规程》《黄河电站安全检修规程》以及涵盖安全生产、设备维护、环境保护等各个方面的安全生产管理制度，制定了详细的操作规程和应急预案，确保电站运行的安全性和稳定性。

按照《关于印发黄河水电站绿色小水电建设运行管理制度及开展生态调度运行的通知》（洛黄电字〔2020〕7号）文件要求，建立了黄河水电站绿色小水电建设运行管理制度。

电站在安全生产方面始终保持高标准，通过持续努力获得“农村水电站安全生产标准化二级达标单位”的称号，并多次通过续期复审，这表明电站在设备运行、人员管理、安全制度建设等方面都达到了较高的水平。安全生产标准化建设为绿色小水电的创建奠定了坚实的基础，确保在实现绿色发展的同时保障电站稳定运行。

（二）生态保护标准化

通过在电站周边开展大规模生态修复工作，厂区周边植被覆盖率显著提高，有效防止了水土流失。同时，为了保护水生生物多样性，委托洛阳师范学院编制《洛河洛宁县黄河水电站鱼类增殖放流实施方案》，与嵩县陆浑鱼种厂签订增殖放流合同，在库区及坝下设置了人工鱼巢和增殖放流点，每年两次投放鱼苗，促进鱼类资源的恢复与增长。此外，委托河南摩尔检测有限公司对进水口及出水口水质按规范进行水质检测，确保进出水口水质一致。

黄河水电站自创建绿色小水电以来，无节制持续下泄生态流量，不仅对维持区域水资源平衡发挥着重要作用，而且为沿河水中动、植物提供丰富的食物和良好的生存繁衍场所，对保护生物多样性、维持生态平衡有重要的意义。下游河道随着生态流量的持续稳定泄放，下游河道流量明显改善，水生植物、鱼类等生物逐渐得到恢复，整个生态系统焕发出了新的生机。

库区、厂房区、办公区、生活区不存在乱占、乱采、乱堆、乱建现象。

黄河水电站注重保护自然环境和优化区域自然景观，已成为地方发展规划中的重要组成部分。自然景观是生态系统的重要组成部分，具有调节气候、净化空气、保持水土等生态功能，对维护区域生态平衡至关重要。它不仅是自然资源的宝库，更是当地生态、文化和旅游价值的体现。自然景观的保护和合理开发可以带动周边旅游业的发展，创造就业机会，提高居民收入，为地方经济注入新的活力。

（三）电站履行社会责任

1. 助力地方基础设施建设

黄河水电站秉承企业使命，积极履行社会责任。通过持续投入，大力参与地方公共设施建设。先后投资修建了乔马公路（1号公路）、黄崇公路（2号公路）、乔齐公路（3号公路），这些公路的修建有效改善了当地的交通状况，为居民的出行和物资的运输提供了方便。

2. 改善民生工程

黄河水电站参与建造了进村公路、居民照明、上戈镇和兴华镇村民饮水工程，支持了马蹄村文体娱乐、标准化卫生室建设项目等设施工程。这些举措极大地改善了当地居民的生活条件，如照明条件的改善提高了居民的生活便利性，饮水工程解决了居民的用水安全问题，文体娱乐设施丰富了居民的精神文化生活，标准化卫生室建设提升了周边地区的医疗水平。

电站修建的3号公路

黄河水电站修建的1号公路（乔马公路）

洛宁县上戈镇庙上镇区集中供水站

3. 参与环境卫生建设

电站积极参与新农村环境卫生建设，与当地村民共同营造干净舒适的生活环境，体现了电站与地方居民共建美好家园的理念。

四、存在问题与经验推广

（一）存在问题

1. 生态流量受上游影响的不确定性

尽管黄河水电站在自身生态流量泄放方面采取了有效措施，但上游水库（如崇阳电站水库和故县水库）的出水调节存在一定的不确定性，这可能对黄河水电站生态流量泄放的稳定性产生一定影响。虽然目前尚未出现生态流量小于等于下游河道生态需水量的情况，但仍需进一步探索应对这种不确定性的有效方法。

2. 技术设备维护改造成本

生态流量监测以及电站设备维护需要一定的资金投入。随着技术的不断发展和设备的长期运行，设备老化、故障维修以及更新换代等问题逐渐凸显，如何在保证设备正常运行的前提下降低维护成本，是电站面临的一个挑战。

（二）经验推广

1. 绿色发展理念与实践结合的经验

黄河水电站在绿色小水电创建过程中，积极将国家的绿色发展理念与电站的实际运营相结合。从深入学习政策理念，到依据政策确定生态流量计算方法、设计泄放和监测方案，再到建立完善的绿色小水电建设管理制度，这一系列的实践经验对其他同类型水电站具有很好的借鉴意义。

2. 履行社会责任的示范作用

电站在履行社会责任方面的丰富实践，如参与地方基础设施建设、改善民生工程、参与环境卫生建设等方面的做法，可以为其他企业提供示范。它展示了企业如何在自身发展的同时，积极回馈社会，与地方社区共同发展，实现经济效益与社会效益的双赢。

3. 生态流量管理经验

在生态流量管理方面，黄河水电站从生态流量的计算审定、泄放设施的创新设计到监测设备的合理配置与数据传输监管，形成了一套较为完整的生态流量管理体系。这一体系的建立和运行经验对其他水电站在保障下游生态环境方面具有参考价值。

07

CHAPTER

盘石头水电站绿色发展纪实

DOCUMENTARY OF GREEN DEVELOPMENT OF PANSHITOU HYDROPOWER STATION

DOCUMENTARY OF GREEN
DEVELOPMENT OF PANSHITOU
HYDROPOWER STATION

盘石头水电站绿色发展纪实

一、电站概况

盘石头水库位于河南省鹤壁市西南约15 km的卫河支流淇河中游，始建于1999年12月底，是一个以防洪、工业及城市生活供水为主，兼顾农田灌溉、发电和养殖等综合利用的大（2）型水利枢纽工程，水库控制流域面积为1 915 km^2，总库容6.08亿m^3，是河南省第一座混凝土面板堆石坝。

水电站原样貌

水电站现样貌

盘石头水电站位于河南省鹤壁市西部，卫河支流淇河中游原盘石头村，坐落于盘石头水库拦河坝左肩下游侧，是一座坝后引水式水电站，隶属于鹤壁鹤源电力（集团）有限公司。

盘石头水电站于2005年4月开工，2007年9月竣工，2008年10月投产发电。电站分为1号、2号两个电站，总装机容量9 380 kW，其中，1号电站供水发电，设计水头32.7 m，设计流量8.5 m^3/s，装机容量3 750 kW（3×1 250 kW）；2号电站泄洪、灌溉、河道生态补水发电，设计水头59 m，设计流量12.6 m^3/s，总装机容量5 630 kW（2×2 500 kW+1×630 kW）。电站由发电支洞段、压力钢管段、厂房段、35 kV高压开关室及10 kV变电站、尾水渠段等部分组成。

1号站全貌

1号厂房内部

2号站全貌

2号厂房内部

二、绿色小水电创建历程

（一）深入学习贯彻政策标准

在创建初期，盘石头水电站深刻认识到国家政策与规程规范的重要性。电站组织全体员工，对《绿色小水电评价标准》《水利安全生产标准化通用规范》《水资源保护法》等相关政策文件进行了系统而深入的学习。这一系列举措确保了创建工作有章可循、有据可依，为后续的绿色水电实践奠定了坚实的理论基础。员工们通过学习，不仅增强了环保意识，明确了绿色水电创建的具体要求和方向。

（二）各级联动汇聚强大合力

为加快盘石头水电站绿色小水电创建步伐，各级水行政主管单位秉持“一盘棋”思想，群策群力，共同推进创建工作。在相关政策的引领和宏观指导下召开专题会议精心安排部署，成立由相关行业部门、电站主管部门等单位主要负责同志为成员的工作领导小组，明确职责任务，形成分工协作的工作机制，确保创建工作有序推进。

（三）外出“取经”提升创建水平

在创建绿色水电的过程中，盘石头水电站深刻认识到学习先进经验的重要性。前往河南省引沁河口水电站进行了实地参观与学习。深入交流研讨后，充分汲取了引沁河口水电站在绿色水电创建中的成功经验和管理精髓，为自身工作提供了有益借鉴。

（四）全面对标对表弥补差距

对照《绿色小水电评价标准》，积极邀请省、市有关专家现场给予技术指导，现场沟通解决存在问题。盘石头水库运行保障中心、鹤壁市淇滨区水利局等部门密切配合，高质量完成创建资料的收集整理。水电站管理单位全方位推进设备提级改造、管理制度完善、人员素质提高、生产效益提升等工作。在各部门共同努力下，高起点、高标准完成了创建申报资料，为首创成功奠定了坚实基础。

（五）下泄生态流量的计算与审定

盘石头水电站布设生态流量发电机组，依据《淇河盘石头水库环境影响报告书审批意见》要求，保持不低于0.5 m^3/s的生态流量下泄，维护水体清洁与生态平衡。

（六）生态流量监测设施设备方案确定

盘石头水电站通过在出水渠道上安装雷达水位计，可实现数据实时传输、存储和查询。按照河南省水利厅《关于加强小水电站下泄生态流量监督管理的通知》（豫水农〔2022〕22号）要求，完成生态流量监测监控设备的安装与调试，接入省级监管平台，实现实时监测、数据共享，以智能分析辅助精准决策。

三、盘石头绿色水电站创建特色

（一）党建融入安全生产

盘石头水电站将党建工作融入安全生产管理，充分发挥党员先锋模范作用，形成“党建+安全”的特色管理模式。推动党建工作与安全生产深度融合，将安全生产责任落实到每一个水电岗位，通过“党员身边无事故‘三带三有’活动”（带头学习安全知识、带头遵守安全规程、带头排查安全隐患，做到人人有责任、处处有监督、事事有落实），有效提升了全员安全意识与应急处理能力。同时，建立健全安全风险预警和应对机制，利用现代信息技术手段，实现安全风险的实时监控与快速响应，守牢安全生产的“生命线”。

2019年，盘石头水电站被省水利厅评定为安全生产标准化二级达标单位。

2023年12月，盘石头水电站荣获“绿色小水电示范电站”称号。

（二）站容站貌提升

以“创造美好环境，推动绿色发展，实现幸福生活”为出发点，由外向内对站区、车间等室内外环境进行全面整理提升。路面、墙面整修一新，增设引导线，机器设备保养得当，绿植花草生机勃勃，员工活动场所、宿舍及食堂设施完备，作业与生活环境明显改善，电站展现出整洁明亮、温馨宜人的新貌。

（三）经济生态效益提升

绿色小水电示范电站在保护和修复河流生态、复苏河湖生态环境等方面发挥着重要作用，通过生态流量的落实和示范电站的创建，有效促进了淇河河流生态的修复和保护。盘石头水电站深入推广“水文化+旅游”的发展模式，淇河下游双塔寺风景区、七里沟森林公园、桑园小镇、白龙庙风景区、天然太极图风景区、淇河湿地公园、许沟白蛇传发源地等自然景观及风景区是游玩、野营、团建、娱乐、休闲健身佳地，旅游资源十分丰富。淇河水流清冽，水味甘甜，富含有益矿物质，“缠丝鸭蛋、无核枣、双背鲫鱼”著名的“淇河三珍”也产自于此。

盘石头水电站的建设与运营，始终将生态效益放在首位，通过科学调度水资源，有效调节了流域内的水文循环，保护了生态环境，为周边地区的可持续发展奠定了坚实基础。淇河等河流因生态流量的充足，两岸景观品质得到了显著提升，河流成为连接自然与人文的桥梁，吸引了大量游客前来观光旅游。道路沿线的生态环境得到极大改善，沿途风景区的生态环境得到保障。这不仅为当地带来了直接的经济效益，更为乡村旅游、生态农业等绿色产业的发展注入了新的活力。游客的涌入带动了餐饮、住宿、土特产销售等相关行业的发展，形成了良性循环，促进了当地经济的多元化和可持续发展。

（四）积极履行社会责任

盘石头水电站建成以来，始终秉承“服务社会，回馈社会”的宗旨，在保障生态效益的同时，水电站还结合乡村振兴工作，从群众最关心的问题入手，积极争取项目资金，为下游村庄修建道路、改善提升照明设施、实施饮用水工程，全力改善当地居民生产生活条件。同时，电站还结合周边脱贫人员和监测对象实际，合理设置工作岗位，为无法外出就业等特殊情况的未脱贫劳动力提供就业机会，既有效帮助了群众就近就业，又提升了乡村综合治理水平。

面对水电行业对高素质技术技能人才的迫切需求，盘石头水电站与河南省水利水

先后捐资建成了纸坊村道路

电学校强强联合，于2024年5月正式建立了“教育教学实训基地”，旨在通过资源共享、技术共促的方式，深化产学研用一体化模式，促进教育链、人才链与产业链、创新链的有效衔接。

四、存在问题与经验推广

（一）存在问题

一是缺乏先进技术与设备。自动化系统设备故障、数据传输错误导致运行效率不高，部分员工在专业技能和实际操作能力方面存在不足，难以胜任复杂的工作任务和紧急情况处理，在一定程度上影响了水电站的安全运行和发电效率。

二是缺乏创新意识与能力。在运营管理中，创新意识的缺失和创新能力的不足成为制约水电站发展的关键因素。在绿色发展的大背景下，盘石头水电站要不断加强科技创新和制度创新力度，提高自主创新能力。同时，还要注重管理创新和服务创新等方面的工作，为企业的持续发展注入新的活力。

三是人才培养机制不健全。人才培养是支撑水电站持续发展的核心保障。当前，盘石头水电站面临着人才培养机制不健全的问题。缺乏系统的人才培养计划和有效的激励机制，导致团队整体素质提升缓慢，难以适应水电站快速发展的需求。加强人才培养和引进，提升团队素质，是水电站可持续发展的关键。只有拥有高素质的管理和运维团队，才能确保水电站的长期稳定运行和不断优化升级，进而提升整体竞争力和经济效益。

（二）创建经验

盘石头水电站积极响应各级主管部门的决策部署，将“红色”先锋力量全面融入盘石头水电站各项工作，在党建引领、校企合作、战略合作、媒体宣传等多个方面取得成效，致力于推动小水电行业的转型升级与可持续发展。

一是党建引领，激发发展动力。在推进电站绿色转型升级的过程中，紧密结合绿色发展理念，通过“党建+绿色水电”项目，巩固提升绿色小水电示范电站创建成果，实现省、市及基层企业三级党组织党建协同，将“红色”先锋力量全面融入水电站各项工作，充分发挥党员模范带头作用，鼓励积极创新，勇于突破，对现有水电设施实施升级改造，有效降低能耗，提升发电效率，切实把党建优势转化为推进水电绿色发展的强大动力。

二是校企合作，共建实训基地。盘石头水电站与河南省水利水电学校合作，在站内建立“教育教学实训基地”。双方通过资源共享、技术共促，开展教学实训、技术创新、实验检测等方面的合作，实现教育、人才与产业的有效融合与优势互补，努力培养出高素质水电技能人才，成为推动绿色发展的中坚力量。

三是战略携手，推动成果转化。鹤源集团与华自科技签订战略合作协议。围绕盘石头水电站的智能化、数字化转型升级、技术创新、人才培养等多个方面，共同推进现有和未来技术创新成果的转化，搭建中控平台，对创新技术落地示范验证，并结合地区特点逐步打通前沿技术商业应用的盈利模式，共同推动科技创新成果产业化。

四是加强宣传，擦亮水电品牌。梳理小水电绿色发展经验，总结典型案例，组织人员普及绿色小水电知识，通过各类媒体积极宣传绿色小水电示范电站在生态复苏、民生改善及碳达峰碳中和等方面的贡献，提升示范电站的社会认知与影响力，促进行业形成小水电绿色发展的共识。

五是数智赋能，加快转型升级。盘石头水电站启动了小水电运行集控中心建设，分阶段推进“集控中心+运检中心+少人值班+智能化”的管理模式，打造鹤壁淇河流域小水电梯级绿色发展典范。通过智能化转型，提高水电站的运行效率和管理水平，降低运维成本，提高经济效益。同时，智能化转型还可以为清洁能源的互补和高效利用提供有力支持。

未来，盘石头水电站将深入落实“创新、协调、绿色、开放、共享”的新发展理

念，持续建设生态友好、管理规范、安全运行、经济合理的绿色小水电站，全力推动小水电站转型升级绿色发展，为鹤壁水更绿、山更青、天更蓝贡献盘石头人的一份力量。

08

CHAPTER

结语

CONCLUSION

CONCLUSION

结 语

河南省绿色小水电的发展，不仅是对国家绿色发展战略的积极响应，也是对“绿水青山就是金山银山”理念的深刻实践。通过绿色小水电的建设和改造，河南省在保护生态环境的同时，也为经济社会发展提供了清洁可再生能源，实现了经济效益与生态效益的双赢。

河南省积极响应国家号召，出台了一系列政策，推动小水电行业的绿色健康发展。例如，《河南省“十四五”水安全保障和水生态环境保护规划》中提出，要合理有序规范水电开发，分区分类实行整治措施，研究效率低下小水电退出机制，以县为单位、河流为单元推进小水电绿色改造和现代化提升。

河南省通过创建绿色小水电示范电站，引导小水电站业主了解绿色发展理念，优化农村水能资源开发布局，改善河流生态，提升小水电集约化、标准化、智慧化水平，推动小水电向绿色可持续发展的方向转型。

在绿色小水电的创建过程中，河南省也面临着一些挑战，如一些电站建站较早，设施设备老化，基础条件较差，部分电站业主对小水电转型升级的必要性认识不够等。为此，河南省需要进一步研究制定适合本省小水电绿色发展的政策办法，明确职责，加强政策宣传和技术培训，不断提高基层水电工作人员的思想认识和业务水平。

展望未来，河南小水电将继续坚定不移地走绿色发展之路，推进生态文明建设，让绿色成为小水电发展最鲜明、最厚重、最牢靠的底色。通过引导小水电绿色转型，河南省将实现更加安全、更高质量、更有效率、更可持续的发展模式，让人民在绿水青山中共享自然之美、生命之美、生活之美。

河南省绿色小水电示范电站建设实践，记录了河南省在绿色小水电领域的发展足迹和辉煌成就。从政策支持到实践成果，从面临的挑战到对未来的展望，河南省绿色小水电的发展之路，是一条充满挑战与机遇的道路。我们坚信，通过不懈努力和持续创新，河南省小水电将为实现人与自然和谐共生、推动经济社会可持续发展作出更大的贡献。让我们携手共进，为建设美丽中国、守护绿色地球家园贡献力量。